进化算法时间复杂度分析的
理论、方法与工具

黄　翰　张宇山　郝志峰 / 编著

科学出版社

北　京

内 容 简 介

本书主要围绕不同的进化算法时间复杂度分析方法展开介绍，包括基于 Markov 过程的理论、分层估计理论、漂移分析理论、关系模型理论、平均增益理论、带噪声的进化算法的时间复杂度分析理论，并且提供了配套的软件工具辅助读者开展实践。本书对进化算法的理论研究进行了分析、归纳和总结，写作内容严谨易懂，逻辑清晰严密。

本书适合计算机等专业的高校师生及研究人员阅读，也可供对进化算法感兴趣的读者阅读参考。

图书在版编目(CIP)数据

进化算法时间复杂度分析的理论、方法与工具/黄翰，张宇山，郝志峰编著.
—北京：科学出版社，2023.4
ISBN 978-7-03-075152-2

Ⅰ.①进… Ⅱ.①黄… ②张… ③郝… Ⅲ.①计算机算法–研究
Ⅳ.①TP301.6

中国国家版本馆 CIP 数据核字(2023)第 044925 号

责任编辑：郭勇斌 邓新平 方昊圆／责任校对：杨聪敏
责任印制：苏铁锁／封面设计：刘 静

科 学 出 版 社 出版
北京东黄城根北街 16 号
邮政编码：100717
http://www.sciencep.com

北京凌奇印刷有限责任公司 印刷
科学出版社发行 各地新华书店经销
*
2023 年 4 月第 一 版 开本：720×1000 1/16
2023 年 4 月第一次印刷 印张：10 1/4
字数：196 000
POD定价： 69.00元
(如有印装质量问题，我社负责调换)

前　言

我是在进行本科毕业设计时开始接触进化算法的。当时，我的指导老师郝志峰教授给了我几本进化算法的书，说了一句："进化算法的理论基础比较薄弱，特别是时间复杂度的研究，你可以关注这个难题。"也许是初生牛犊不怕虎，我对进化算法时间复杂度的研究就这么开始了。转眼间，我居然坚持研究这个主题近 20 年，这可能在国内进化计算领域不多见。有同行好友戏谑："国内研究这个主题的学者不多了，你其实可以写一本关于进化算法时间复杂度研究的书。"事实上，也许是因为研究进展的匮乏，或者是因为该主题的读者圈过小，近 30 年国内几乎没有出现该类主题的著作。因此，大家可以理解我们在写这本书的过程中所感受到的诚惶诚恐、艰难与孤独。

进化计算的研究虽然在过去 30 年里有了巨大的发展，但是多数集中于仿真实验，理论研究的成果相对较少。计算时间复杂度的研究可以回答进化算法"为什么有效""何时有效"这些根本问题。这对揭示进化算法的运行机理以及在实践中指导算法的设计、应用与改进方面具有重要的理论与实际意义。这一难题的研究也是当前人工智能可解释性研究热潮的一部分，其进展将对人工智能的发展产生促进作用。目前，伴随着人工智能发展的潮流，进化计算领域的专著如雨后春笋般地涌现，其中有不少是与进化算法理论研究相关的。然而，具体介绍进化算法时间复杂度的书仍是凤毛麟角。这也是我们不畏艰难与孤独，坚持撰写本书的原因。

这本书也是对我们 10 多年来在进化算法时间复杂度研究上的一个总结。我们最早的一个工作是研究单蚂蚁算法求解旅行商问题（traveling salesman problem, TSP）的时间复杂度，并在国际学术会议 SEAL 2006 上以分组报告的形式汇报了研究结果。我还记得当时大会主席姚新教授带着一众会议主席和论文评审专家听了我们这一组的报告，会后他还充分肯定了我的这个选题，鼓励我继续做下去。或许姚老师也没想到，我直到今天还在做这个主题的研究。

后来，研究历程筚路蓝缕。我们在 2007 年提出了蚁群优化算法求解 TSP 的收敛速率分析概率模型，在 2008 年提出了基于 Markov 过程的进化规划算法计算时间分析理论，在 2009 年又分析了蚁群优化算法模拟的"生物信息素"在求解

TSP 时发挥作用的数学本质，在 2009～2011 年分别完成了 Gauss 变异、Cauchy 变异、Lévy 变异等进化规划算法的计算时间分析工作。2014 年，我们总结 2011～2013 年的研究工作，系统地提出了基于平均增益的计算时间分析理论，给出了连续型进化算法的计算时间分析数学工具，这是有别于之前同行以离散模型近似分析连续问题的工作；2015 年，我们运用停时理论完成了一种基于进化策略算法的计算时间分析；2016 年，我们系统地研究了勒贝格可测（Lebesgue measurable）条件下的进化规划算法计算时间分析，给出了该算法可以在多项式时间内收敛的充分条件，并基于平均增益模型得出了连续型进化算法求解球函数的计算时间分析结论；2017 年，我们用实验估算的方法得出了蚁群优化算法求解多个真实 TSP 的计算时间上界；2018 年，我们提出了基于平均增益模型的计算时间复杂度估算理论，并且给出了多个测试函数的分析案例。

我们在研究的路上跌跌撞撞，百转千回，直到苦尽甘来。2019～2021 年，我们基于平均增益模型率先提出了进化算法时间复杂度估算的实验方法——平均增益法，得出了 ES 和 CMA-ES 等实际算法求解 Ackley、Griewank 等标准测试函数的时间复杂度，为进化算法的应用提供了坚实可测的科学依据，这项成果在 2020 年发表于人工智能领域 Q1 期刊 *IEEE Transactions on Evolutionary Computation* 上。此项研究成果被多位同行评价为可以估算进化算法收敛到全局最优解的实用方法。本人也就该成果在第七届演化计算与学习研讨会（ECOLE 2021）、第二届全国大数据与人工智能科学大会等分别以大会报告与特邀报告的形式做了汇报，基于该成果发布了 EATimeComplexity 系统，为学术界与工业界提供了实用的时间复杂度分析工具。

进化算法时间复杂度的研究在 2010 年、2018 年与 2022 年三次得到了国家自然科学基金立项资助，还得到了多位权威同行的指点，如香港城市大学的张青富教授、中山大学的周育人教授、南方科技大学的唐珂教授、西安交通大学的孙建永教授、南京大学的俞扬教授和钱超教授等，我们在此表示衷心的感谢。本书除了介绍我们 10 多年来在进化算法时间复杂度的研究成果之外，还汇编了国内外同行在进化算法时间复杂度数学模型与计算方法的研究成果，希望为感兴趣的读者提供尽量完整且充足的知识与信息。本书的编辑整理工作得到了华南理工大学智能算法研究中心多位老师和同学的大力支持，如向毅副教授、杨舒玲、苏俊鹏、何同立、冯夫健、刘丁榕与何莉怡等，我在此向他们表示深深的谢意。

时间复杂度是算法性能评价的标志。进化算法作为人工智能领域一种优化与仿真的重要方法，其时间复杂度无疑也是至关重要的评价标志。因为进化算法具有全局随机搜索的特性，其随机过程的形式化表征非常复杂，在计算时间复杂度时难以进行推导与分析，所以近 30 年来相关的研究成果较少，而可以应用于实际算法分析的成果更是少之又少。本书是一次抛砖引玉，相信会吸引更多优秀的学者关注此项研究，为推动人工智能的可解释性、进化计算的基础理论等的研究贡献出自己的力量。

黄　翰

2022 年 3 月 21 日于广州

目　　录

第 1 章　进化算法简介

本书主要讨论进化算法（evolutionary algorithms，EAs）的时间复杂度分析方法。因此，本章将简述进化算法求解的问题类型、进化算法的概念，并介绍几类经典算法，让读者对进化算法有初步认识。由于进化算法所需的问题信息量少、求解速度快且鲁棒性高，所以它常被用于求解黑盒、大规模、带噪声等具有复杂特性的最优化问题。本章先在 1.1 节简述最优化问题，再在 1.2 节概述进化算法，接着在 1.3 节介绍部分经典的进化算法及其伪代码，最后在 1.4 节进行总结。

1.1　最优化问题

最优化问题（optimization problem）是科学研究和实际生活中常常需要被解决的问题，包括生产调度、人工智能、物流运输、数据挖掘、经济管理、生物技术、网络通信等。一个最优化问题可以写成最小化问题或最大化问题。以最小化问题为例，其数学模型如式 (1-1) 所示

$$\min_{X} f(X), X \in \Omega \tag{1-1}$$

其中，$X = (x_1, \cdots, x_n)$ 表示一组决策变量。Ω 是问题的解空间，X 是 Ω 中的一个可行解。最小化问题是要在解空间中找到可行解 X，使得目标函数值最小；相反地，最大化问题则是要在解空间中找到可行解 X，使得目标函数值最大。

一般情况下，根据决策变量 x_i 的取值类型，可以将最优化问题分为连续优化问题和离散优化问题两个类别。若最优化问题的决策变量是连续变量，则该问题为连续优化问题；若最优化问题的决策变量均为离散变量，则该问题称为离散优化问题。在实际应用问题中，变量的类型是混合的，即有一部分是连续变量，有一部分是离散变量，因此该最优化问题同时具备连续优化问题和离散优化问题的特性。在连续优化问题中，各个决策变量可能是独立的，也可能是互相关联和互相影响的。由于决策变量是连续值，无法通过穷举每个变量的取值求得最优解。一般情况下，需要借助最优化算法对问题进行求解。离散优化问题主要分为两个类别：① 组合优化，其目标是从一个有限集合中找出使得目标函数最优的解；② 整数规划，决策变量为整数。最优化问题的求解难度往往随着问题规模增大而大幅增加，使得最优化算法的计算时间呈指数增长，达到上千年甚至上万年（以每秒计算万亿次进行估计）。为了能够在可接受的计算时间内去寻找最优化问题的较

优解，学者们基于"优胜劣汰、适者生存"的自然法则设计了一类求解算法，获得了较为满意的结果，这类求解算法称之为进化算法[1]。

1.2　进化算法的概述

进化算法通常采用启发式的随机搜索方法在全局决策空间中进行局部搜索。与传统的最优化算法不同的是，进化算法在求解的过程中不需要严格的数学推导，能够在可接受的时间范围内找到全局最优解或者可行解。进化算法具有自适应性和通用性，主要是因为这类算法不依赖问题的特征。进化算法主要以群体为单位进行搜索，利用搜索信息减少了多余或重复的计算代价，将算力投入到更可能存在最优解的区域中，非常适合用于求解大规模问题以及 NP 难问题。进化算法的鲁棒性极强，具有良好的容错性，能够在不同的初始化环境下搜索和寻找问题的最优解。

进化算法是一种模拟生物进化和群体智能来解决各类最优化问题的智能算法，通过对群体的交叉、变异等操作产生新的个体，并通过评估选取更优的后代个体。进化算法通过多次迭代来得到最优解，而不仅仅依赖于问题的具体形式。随着工程实际问题变得越来越复杂，传统的精确算法往往具有指数级别的计算复杂性。为了在求解时间和求解精度上取得平衡，学者们提出不同的进化算法，如遗传算法（genetic algorithm，GA）、分布估计算法（estimation of distribution algorithm，EDA）、粒子群优化（particle swarm optimization，PSO）算法、进化规划（evolutionary programming，EP）算法、蚁群优化（ant colony optimization，ACO）算法、Memetic 算法、差分进化（differential evolution，DE）算法等。随着进化算法在求解各类复杂最优化问题中发挥日益显著的作用，对进化算法的理论分析也显得愈发重要。进化算法的理论基础主要包括数学基础、生物基础和群体智能基础等，其中数学基础包括 Markov 过程、统计学习过程、随机过程、稳定性和收敛性等；生物基础包括优胜劣汰、适者生存、自然选择、生物进化、遗传规律等；群体智能基础包括个体竞争机制、群体优化机制、群体协作机制、个体优化机制等。

1.3　常用进化算法

我们对进化算法的发展历程进行了总结，如图 1-1 所示。可以看到，进化算法日渐多样化，对每一种进化算法都进行介绍较为困难。因此，我们仅介绍其中较为常用的 6 种进化算法，包括遗传算法[2]、分布估计算法[3]、粒子群优化算法[4]、蚁群优化算法[5]、Memetic 算法[6] 和差分进化算法[7]。本节主要介绍这 6 种进化算法的原理、伪代码及其适用求解的问题。

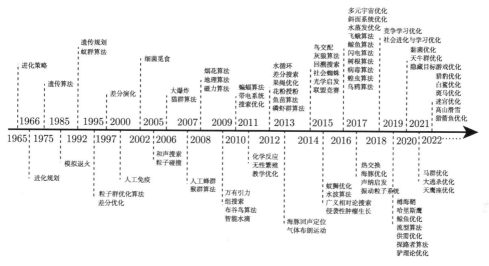

图 1-1　进化算法发展历程

1.3.1　遗传算法

遗传算法模拟达尔文生物进化论的自然选择和遗传学机理的生物进化过程，通过模拟自然优胜劣汰的现象，采用染色体来表示问题的解，然后通过交叉、变异、选择等操作算子来生成下一代种群。通常，每次生成的新种群较上一代种群更优秀，并通过不断地进化，解的质量越来越好。遗传算法的伪代码如算法 1-1 所示。

算法 1-1　GA

输入： 最优化问题
输出： 最优解

 1: $t \leftarrow 0$
 2: 初始化种群 P
 3: **while** 未满足终止条件 **do**
 4: 　　进行交叉操作
 5: 　　进行变异操作
 6: 　　适应值评估
 7: 　　进行选择操作
 8: 　　更新种群 P 与最优解
 9: 　　$t \leftarrow t+1$
10: **end while**
11: **output** 最优解

由于遗传算法的整体搜索策略和优化搜索方式在计算时不依赖于梯度信息或其他辅助知识，只需要计算影响搜索方向的目标函数和相应的适应度（又称适应值）函数，所以遗传算法提供了一种求解复杂系统问题的通用框架。由于它通过目标函数计算适应度，不需要附加信息，所以遗传算法对问题依赖性小，能广泛应用于各种领域，包括函数优化、组合优化、生产调度问题、自动控制、图像处理（如图像恢复、图像边缘特征提取等)、遗传编程、机器学习。

1.3.2　分布估计算法

分布估计算法是一种基于统计学习理论的群体进化算法，通过建立概率模型描述候选解在搜索空间的分布信息，采用统计学习手段从群体宏观的角度建立一个描述解分布的概率模型，然后对概率模型随机采样产生新的种群，如此反复实现种群的进化。因此，分布估计算法属于一种基于统计学原理的随机优化算法。遗传算法采用基于基因的微观层面的模拟进化方式，而分布估计算法采用基于搜索空间的宏观层面的进化方法，具备更强的全局搜索能力和更快的收敛速率。分布估计算法的伪代码如算法 1-2 所示。

算法 1-2　EDA

输入: 最优化问题
输出: 最优解
1: $D_0 \leftarrow$ 随机产生 N 个个体
2: $t \leftarrow 1$
3: **while** 未满足终止条件 **do**
4:　　$D_{t-1}^k \leftarrow$ 采用选择算子从 D_{t-1} 选择 k 个个体（$k < N$）
5:　　$p_t(x) = p(x|D_{t-1}^k) \leftarrow$ 估计选择个体的联合概率
6:　　$D_t \leftarrow$ 从 $p_t(x)$ 采样 N 个个体
7:　　$t \leftarrow t + 1$
8: **end while**
9: **output** 最优解

分布估计算法的重要组成部分是概率模型，针对不同类型的优化问题需要设计不同的概率模型来描述解空间的分布。一个合适的概率模型可以很好地描述变量之间的相互关系。因此，分布估计算法在解决非线性和变量耦合的优化问题时，能够利用问题的结构信息产生更好的个体。分布估计算法通常用于求解函数优化、组合优化、生物信息学、多目标优化、机器学习等应用问题。分布估计算法可以有效地解决大规模问题，降低时间复杂度。与其他进化算法相比，分布估计算法基于群体的宏观进化方式使其可以利用解空间的全局信息和进化过程中的历史信息，具有更强的全局搜索能力和更快的收敛速率。分布估计算法简单、易于实现，

尤其是其对解空间的分布进行估计并采样产生新个体的方法，更容易使其作为一种手段和框架与其他算法混合，增强寻优性能。

1.3.3 粒子群优化算法

粒子群优化算法是通过模拟鸟群觅食行为而发展起来的一种基于群体协作的随机搜索算法。粒子群优化算法通过设计一种无质量的粒子来模拟鸟群中的鸟，粒子仅具有速度和位置两个属性：速度代表移动的快慢，位置代表移动的方向。每个粒子在搜索空间中单独地搜寻最优解并将其记为当前个体极值，个体极值与整个粒子群里的其他粒子共享，令最优的个体极值作为整个粒子群的当前全局最优解，粒子群中的所有粒子根据自己找到的当前个体极值和整个粒子群共享的当前全局最优解来调整自己的速度和位置。粒子群优化算法的伪代码如算法 1-3 所示。

算法 1-3 PSO 算法

输入：最优化问题

输出：最优解

1: 初始化粒子群的速度和位置
2: **while** 未满足终止条件 **do**
3:    依据粒子速度和位置搜索新解
4:    更新粒子速度和位置
5:    更新粒子群
6: **end while**
7: **output** 最优解

粒子群优化算法不依赖于问题信息，直接以目标函数值作为搜索信息，具有记忆功能，保留局部个体和全局种群的最优信息。粒子群优化算法通过协同搜索，同时利用个体局部信息与群体全局信息，原理简单，容易实现，计算效率高。粒子群优化算法没有交叉变异运算，依靠粒子速度完成搜索且在迭代进化中只有最优的粒子把信息传递给其他粒子，搜索速度快。粒子群优化算法需要调整的参数较少，结构简单，易于工程实现；采用实数编码，直接由问题的解决定，问题解的变量直接作为粒子的维度。但是，粒子群优化算法缺乏速度的动态调节，容易陷入局部最优，导致收敛精度低和不易收敛。

1.3.4 蚁群优化算法

蚁群优化算法是一种用来寻找优化路径的概率型算法，其灵感来源于蚂蚁在寻找食物过程中发现路径的行为。用蚂蚁的行走路径表示待优化问题的可行解，整个蚂蚁群体的所有路径构成待优化问题的解空间。蚂蚁会在其经过的路径上释放一种名为信息素的物质，蚁群内的蚂蚁对信息素具有感知能力，它们会沿着信息素浓度较高的路径行走，而每只路过的蚂蚁都会在路上留下信息素，这就形成一种类似正反馈的机制。较短的路径上蚂蚁释放的信息素量较多，随着时间的推进，较短的路径上累积的信息素浓度逐渐增高，选择该路径的蚂蚁数量也越来越多。最终，整个蚁群会在正反馈的作用下集中到最佳的路径上，此时对应的便是待优化问题的最优解。经过一段时间后，整个蚁群就会沿着最短路径到达食物源了。蚁群优化算法的伪代码如算法 1-4 所示。

算法 1-4　ACO 算法

输入：最优化问题
输出：最优解
  1: 初始化种群
  2: 初始化信息素
  3: **while** 未满足终止条件 **do**
  4: 　　依据信息素局部搜索新解
  5: 　　更新信息素
  6: 　　更新种群
  7: **end while**
  8: **output** 最优解

蚁群优化算法采用正反馈机制，使得搜索过程不断收敛，最终逼近最优解。每个个体可以通过释放信息素来改变周围的环境，且每个个体能够感知周围环境的实时变化，个体间通过环境进行间接的通信。搜索过程采用分布式计算方式，多个个体并行计算，大大提高了算法的计算能力和运行效率。启发式的概率搜索方式不容易陷入局部最优，易于寻找到全局最优解。蚁群优化算法一般应用于各类组合优化问题，如旅行商问题、指派问题、生产调度问题、车辆路径问题、图着色问题和网络路由问题等。最近几年，蚁群优化算法在网络路由中的应用受到越来越多学者的关注。一些基于蚁群优化算法的路由算法陆续被提出。同传统的路由算法相比，该类算法具有信息分布式性、动态性、随机性和异步性等特点，而这些特点正好能满足网络路由的需要。

1.3.5　Memetic 算法

Memetic 算法是基于文化进化理论中的隐喻机制而提出的，它是一种基于种群的全局搜索和基于个体的局部搜索的结合体。Memetic 算法和遗传算法形式相似，关键区别在于 Memetic 算法在交叉之外采用局部搜索策略，通过引入局部搜索技术来减小过早收敛的概率。Memetic 算法实质上是一个框架，可以选择不同的进化操作和局部搜索策略构成不同的 Memetic 算法，且选择对初始种群和进行交叉操作后得到的子代种群进行局部搜索。Memetic 算法的伪代码如算法 1-5 所示。

算法 1-5 Memetic 算法

输入： 最优化问题
输出： 最优解
1: 初始化种群
2: 对种群的各个个体进行局部搜索
3: **while** 未满足终止条件 **do**
4:　　对父代种群进行交叉操作得到子代种群
5:　　对子代种群的每个个体进行局部搜索
6:　　对父代和子代的混合种群进行选择操作
7: **end while**
8: **output** 最优解

Memetic 算法可以应用到组合优化、图像处理、模式识别、故障诊断、系统辨识、自动控制等各个领域，具有较大的理论探讨空间和广阔的应用前景。Memetic 算法可以有效结合全局搜索的多样性优势及局部搜索的快速收敛能力，加快优化进程，避免陷入早熟收敛，在复杂优化问题中获得更佳的寻优结果，但是 Memetic 算法整合了全局搜索策略和局部搜索策略，在提高搜索精度的同时，也导致了较高的计算消耗，影响算法的计算效率。

1.3.6　差分进化算法

差分进化算法是一种可并行的随机搜索算法，可对在不可微连续空间上的非线性函数进行最小化。该算法以其易用性、稳健性和强大的全局寻优能力在多个领域取得成功。差分进化算法通过采用浮点矢量进行编码生成种群个体。在寻优的过程中，首先，从父代个体间选择两个个体，以其向量差作为差分向量；其次，选择另外一个个体与差分向量求和生成实验个体；然后，对父代个体与相应的实验个体进行交叉操作，生成新的子代个体；最后，在父代个体和子代个体之间进行选择操作，将符合要求的个体保存到下一代群体中去。差分进化算法的伪代码如算法 1-6 所示。

差分进化算法的结构简单，容易实现；在同样的精度要求下，差分进化算法的收敛速率更快、鲁棒性更强。但是，参数设置会影响差分进化算法的性能。此外，变异操作时基于种群的差分向量信息来修正各个体的值，随着进化代数的增加，各个体之间的差异在逐渐缩小，以至于收敛速率变慢，甚至陷入局部最优。差分进化算法在约束优化计算、聚类优化计算、非线性优化控制、神经网络优化、滤波器设计、阵列天线方向图综合及其他方面得到广泛应用。

算法 1-6　DE 算法

输入: 最优化问题

输出: 最优解

　1: 初始化种群

　2: **while** 未满足终止条件 **do**

　3:　　变异算子操作

　4:　　交叉算子操作

　5:　　贪婪选择操作

　6:　　更新种群

　7: **end while**

　8: **output** 最优解

1.4　本 章 小 结

　　本章主要介绍了进化算法一般求解的问题类型、问题类型的特征以及各类进化算法的基本思想和计算框架。进化算法处于不断发展和完善的过程中,然而其目前的数学理论发展仍处于基础阶段,众多国内外学者正在不断研究中。进化算法的理论研究对于进化算法的发展有着重大的意义,充分的进化算法理论研究对于研究者设计高效的进化算法求解难度大的实际应用问题有着十分重要的作用。在后面的章节里,我们主要介绍一些现有的进化算法理论研究成果,其中包括进化算法的数学模型、基于 Markov 过程的理论与方法、分层估计理论与方法、漂移分析理论与方法、关系模型理论与方法、平均增益理论与方法、带噪声的进化算法的时间复杂度分析理论和进化算法时间复杂度估算方法与软件工具。

第 2 章　进化算法的数学模型

进化算法是一类受自然进化过程启发而提出的自适应搜索算法。进化算法已成功应用于各类优化问题,其理论研究日益受到学者们的关注[8-9]。本章主要介绍五种进化算法数学模型以及相应的时间复杂度分析方法。

2.1　进化算法数学模型与基本理论研究进展

计算时间 (runtime) 分析是当前进化算法理论研究的热点问题。简单来说,计算时间分析的目标是分析算法在运行中至少找到一个最优解或者好的近似最优解所需的适应值评估次数。计算时间可用算法首次到达某个状态集的时间来衡量[10]。由于进化算法的随机性本质,这类算法的计算时间分析并不容易。

早期的研究主要关注简单进化算法如 (1+1)EA 求解具有良好结构特性的伪布尔函数的计算时间[11-13]。这些研究展示了一些有用的数学方法和工具,并得到了关于 ONEMAX 问题、LeadingOnes 问题等的理论结果。当前,(1+1)EA 的计算时间分析已经逐渐从简单伪布尔函数拓展到具有实际应用背景的组合优化问题。Oliveto 等[14] 分析了 (1+1)EA 求解顶点覆盖问题实例的计算时间。Lehre 和 Yao[15] 使用了计算单一输入输出序列问题的几个实例,对 (1+1)EA 的计算时间作了分析。Zhou 等针对 (1+1)EA 求解以下几个组合优化问题实例进行了一系列的近似性能分析,包括最小标签生成树问题[16]、多处理器调度问题[17]、最大割问题[18] 以及最大叶子生成树问题[19],取得了一系列理论成果。

伴随着 (1+1)EA 理论研究的进展,很多数学方法和工具被提出,如 Markov 链[20]、结合收敛速率的吸收 Markov 链[21]、转换分析(switch analysis)[22]、基于适应值分割的方法[23-24] 等。特别地,由 He 和 Yao[13] 引入的漂移分析 (drift analysis) 已被证明是进化算法计算时间分析的一种有效策略。Jägersküpper[25] 将 Markov 链分析与漂移分析相结合,重新研究了“标准 (1+1)EA 在线性函数上的计算时间”这一问题,显著改进了平均计算时间的上界。Chen 和 He 通过把漂移分析和取代时间 (takeover time) 概念结合起来,从理论上讨论了基于种群的进化算法在单模问题上的时间复杂度[26]。漂移分析的一些变体也被提了出来。Oliveto 和 Witt[27] 引进了一个简化的漂移分析定理,用以证明 (1+1)EA 在 Needle、ONEMAX 以及最大匹配问题上的计算时间下界。Rowe 和 Sudholt[28] 提出了可变漂移(variable drift)概念,即漂移量随着当前的状态单调递减,证明 (1,

λ)EA 在 ONEMAX 问题上的计算时间从指数式变为多项式的阈值是 $\lambda \approx \lg_{10} n$。Witt[29] 使用乘式漂移分析（multiplicative drift analysis）得到了 (1+1)EA 在线性函数上平均计算时间复杂度的界。这些研究充分表明了漂移分析是进化算法计算时间分析中的强有力工具，而且针对它的改进是当前的一个研究重点。进化算法在求解带噪声的优化问题中常常显示出较强的鲁棒性，但是相关的理论研究很少。Droste[30] 分析了 (1+1)EA 在带噪声的 ONEMAX 函数上的计算时间。在此基础上，Qian 等探讨了带噪声的适应度函数是如何影响进化算法的计算时间[31]，严格的计算时间分析表明，采样可以显著地缩短进化算法在带噪声环境中的优化时间[32]。Neumann 和 Witt[33] 通过进一步研究 (1+1)EA 求解多目标随机约束问题的计算时间，论证了算法的高效性。

综上所述，现有的关于进化算法计算时间分析的工作主要集中于离散优化问题，较少关于进化算法在连续搜索空间上的计算时间分析。通过研究算法趋于最优解时的单步平均位移，Jägersküpper[34-35] 运用瓦尔德等式首次对 (1+1)ES 和 (1+λ)ES 求解球函数问题的计算时间进行了严格的分析。Agapie[36] 在较强的假设条件下，建立了 (1+1)ES 的更新过程模型，并分析了 (1+1)ES 求解二维倾斜平面问题的首达时间。张宇山等[37] 基于停时理论，将首达时间视为停时，提出了分析进化算法首达时间的新模型，并以此分析了 (1+λ)ES 在倾斜平面问题上的平均首达时间。从理论上讲，漂移分析适用于离散优化情形和连续优化情形，然而，关于漂移分析应用于后者的理论结果却不多见[38]。受漂移分析的思想启发，黄翰等[39] 提出了平均增益模型以估计 (1+1)EA 在球函数问题上的平均计算时间。然而，文献 [39] 所提方法具有局限性，该方法只是针对连续型 (1+1)EA 求解球函数的计算时间这一具体案例建立模型，所有的理论结果（模型、定理、推论）都依赖于此具体案例，故在某种意义上是专用的，使得该模型与具体的案例纠缠在一起，没能抽象上升为一般的模型。此外，该文献原始的证明是基于黎曼积分，因此数学上的严格性和一般性都需要加强。张宇山等[40] 将文献 [39] 所提出的模型进一步严格化，并加以推广，使之成为分析进化算法计算时间的通用模型。

2.2　进化算法时间复杂度相关的数学模型

本章分析的对象是表达为 $\{X_t\}_{t=0}^{\infty}$ 的离散时间非负整数随机过程，其中 $X_t \geqslant 0$，$t = 0, 1, 2, \cdots$。就进化算法而言，X_t 可以代表 (1+1)EA 求解 ONEMAX 问题时第 t 代的位串中 0-位的个数、基于种群的 EA 到最优解的某种距离值等。

1. 鞅模型

根据随机过程理论[41]，设 $(\Omega, \mathcal{F}, P)$ 是一个概率空间，$\{Y_t\}_{t=0}^{+\infty}$ 为 $(\Omega, \mathcal{F}, P)$ 上的随机过程。$\mathcal{F}_t = \sigma(Y_0, Y_1, \cdots, Y_t) \subseteq \mathcal{F}, t = 0, 1, \cdots$ 为 $\mathcal{F}$ 的自然 σ-代数流。σ-代数 $\mathcal{F}$ 包含了由 $Y_0, Y_1, \cdots, Y_t$ 生成的所有事件，即直到时刻 t 为止的全部信息。显然，$\mathcal{F}_0 \subseteq \mathcal{F}_1 \subseteq \cdots \subseteq \mathcal{F}_n \subseteq \cdots$。

在概率论中，鞅是公平赌博的数学模型，其描述了过去事件的知识无助于未来期望收益的最大化。具体来讲，鞅是一列随机变量，即随机过程，在此过程中，即使之前所有观测值的信息已知，任一特定时刻的观察值都等于下一时刻的平均值。

鞅描述的是公平赌博，而上鞅和下鞅则分别描述了不利赌博与有利赌博，这两者的当前观测值未必等于下一时刻值的条件期望，前者的当前观测值在条件数学期望的意义下是下一时刻值的上界，而后者是下界。下面给出上鞅的正式定义。

定义 2.1[41] 设 $\{\mathcal{F}_t, t \geqslant 0\}$ 为 $\mathcal{F}$ 的单调递增子 σ-代数序列。称随机过程 $\{S_t\}_{t=0}^{+\infty}$ 为关于 $\{\mathcal{F}_t, t \geqslant 0\}$ 或 $\{Y_t\}_{t=0}^{+\infty}$ 的上鞅，如果 $\{S_t\}_{t=0}^{+\infty}$ 是 $\{\mathcal{F}_t, t \geqslant 0\}$ 适应的 (即对任意的 $t = 0, 1, 2, \cdots, S_t$ 在 $\mathcal{F}$ 上可测)，$E(|S_t|) < +\infty$，且对任意的 $t = 0, 1, 2, \cdots$，有 $E(S_{t+1}|\mathcal{F}_t) \leqslant S_t$。

定义 2.1 表明，上鞅在平均意义下是递减的。

徐宗本等[42] 首次运用鞅论研究了遗传算法的几乎必然强收敛性，这为进化算法的理论研究提供了一种全新的分析工具，在此基础上，我们运用鞅论来研究进化算法的计算时间。

在进化算法的计算时间分析中，人们通常对在一次运行的过程中，算法首次找到最优解所需的迭代次数感兴趣，这就是所谓的 "首达时间"[13]，可以用停时来描述它。在概率论中，特别是在随机过程的研究中，停时 (亦称为 Markov 时间) 是一种特殊类型的 "随机时间"。停时是一个随机变量，它的取值代表某个给定的随机过程表现出特定行为的时间。停时的正式定义如下。

定义 2.2[41] 设 $\{Y_t\}_{t=0}^{+\infty}$ 是一个随机过程，T 是一个非负整数随机变量。若对任意的 $n = 0, 1, 2, \cdots$，有 $\{T \leqslant n\} \in \mathcal{F}_n = \sigma(Y_0, Y_1, \cdots, Y_n)$，则称 T 为关于 $\{Y_t\}_{t=0}^{+\infty}$ 的停时。

设 $\mathcal{H}_n = \sigma(X_0, X_1, \cdots, X_n), n \geqslant 0, T_0 = \min\{t \geqslant 0 : X_t = 0\}$。可得 $\forall n \geqslant 0$，$\{T_0 \leqslant n\} = \bigcup_{k=0}^{n} \{T_0 = k\} = \bigcup_{k=0}^{n} \{X_0 > 0, \cdots, X_{k-1} > 0, X_k = 0\} \in \mathcal{H}_n$，故首达时间 T_0 是一个关于 $\{X_t\}_{t=0}^{+\infty}$ 的停时。

引理 2.1[41] 设 $\{S_t\}_{t=0}^{+\infty}$ 是关于 $\{Y_t\}_{t=0}^{+\infty}$ 的上鞅，且 T 是关于 $\{Y_t\}_{t=0}^{+\infty}$ 的有界停时，则

$$E(S_T|\mathcal{F}_0) \leqslant S_0 \tag{2-1}$$

在式 (2-1) 中, 上鞅 $\{S_t\}_{t=0}^{+\infty}$ 的下标从固定的时间 t 改为随机变量——停时 T, 而 S_0 依然保持为上界。

引理 2.2　设 $s \wedge T_0 = \min\{s, T_0\}$, $s = 0, 1, 2, \cdots$, 则 $s \wedge T_0$ 对任意固定的 s 是关于 $\{X_t\}_{t=0}^{\infty}$ 的有界停时。

证明　当 s 固定时, 显然 $s \wedge T_0$ 是有界的。接下来我们将证明 $s \wedge T_0$ 是一个停时。

$\forall m \geqslant 0$, $\{s \wedge T_0 \leqslant m\} = \{s \leqslant m\} \bigcup \{T_0 \leqslant m\}$,

(1) 当 $m \geqslant s$, $\{s \leqslant m\} \bigcup \{T_0 \leqslant m\} = \Omega \bigcup \{T_0 \leqslant m\} = \Omega \in \mathcal{H}_m$;

(2) 当 $m < s$, $\{s \leqslant m\} \bigcup \{T_0 \leqslant m\} = \Phi \bigcup \{T_0 \leqslant m\} = \{T_0 \leqslant m\} \in \mathcal{H}_m$。

根据定义 2.2, 结论得证。

证毕

2. 平均增益模型

平均增益模型来源于文献 [39], 其中单次平均位移 $\delta_t = E(X_t - X_{t+1}|\mathcal{H}_t)$, $t \geqslant 0$ 被称为平均增益。基于平均增益, T_0 期望的上界可以估计如下。

定理 2.1　设 $\{X_t\}_{t=0}^{+\infty}$ 为一个随机过程, 满足对任意的 $t \geqslant 0, X_t \geqslant 0$。假定 $E(T_0) < +\infty$, 若 $\forall t \geqslant 0$, $E(X_t - X_{t+1}|\mathcal{H}_t) \geqslant \alpha > 0$, 则 $E(T_0|X_0) \leqslant \dfrac{X_0}{\alpha}$。

证明　定义 $Z_t = X_t + t\alpha, t = 0, 1, 2, \cdots$, 则

$$
\begin{aligned}
E(Z_{t+1}|\mathcal{H}_t) &= E(X_{t+1} + (t+1)\alpha|\mathcal{H}_t) \\
&= E(X_t - (X_t - X_{t+1}) + (t+1)\alpha|\mathcal{H}_t) \\
&= X_t - E(X_t - X_{t+1}|\mathcal{H}_t) + (t+1)\alpha \\
&\leqslant X_t - \alpha + (t+1)\alpha \\
&= X_t + t\alpha = Z_t
\end{aligned}
$$

根据定义 2.1, $\{Z_t\}_{t=0}^{+\infty}$ 是一个关于 $\{X_t\}_{t=0}^{+\infty}$ 的上鞅。根据引理 2.1 和引理 2.2, 可得

$$
E(Z_{s \wedge T_0}|\mathcal{H}_0) = E(Z_{s \wedge T_0}|X_0) \leqslant Z_0 = X_0
$$

于是

$$
\begin{aligned}
E(X_{s \wedge T_0} &+ (s \wedge T_0)\alpha|X_0) \\
&= E(X_{s \wedge T_0}|X_0) + \alpha E(s \wedge T_0|X_0) \\
&\leqslant X_0
\end{aligned}
$$

由于 $s \wedge T_0 \leqslant T_0$, $X_{s \wedge T_0 \leqslant T_0} \geqslant 0$, 运用勒贝格控制收敛定理, 得

$$X_0 \geqslant \lim_{s \to \infty} E(X_{s \wedge T_0 \leqslant T_0}|X_0) + \alpha \lim_{s \to \infty} E(s \wedge T_0 \leqslant T_0|X_0)$$

$$\geqslant \alpha E(T_0|X_0)$$

这意味着 $E(T_0|X_0) \leqslant \dfrac{X_0}{\alpha}$。

证毕

定理 2.1 与文献 [13] 中定理 1 的结论有相似之处, 而不同之处有二, 其一是本书运用鞅论和勒贝格控制收敛定理进行了严格的数学证明; 其二是文献 [13] 中的定理 1 只适用于离散优化情形, 本书的定理 2.1 是为定理 2.2 做铺垫, 定理 2.2 可以用于连续优化情形, 理由如下。

定理 2.1 中的 α 是一个不依赖于 X_t 的常数, 故必须使用 δ_t 在 $t = 0, 1, 2, \cdots$ 时的一致下界, 很多情况下该一致下界会非常小, 甚至接近于零, 这将导致首达时间 T_0 的上界非常松。此外, T_0 通常适用于离散优化中的进化算法, 对于连续型进化算法, 我们感兴趣的是其对于 ε-近似解的首达时间, 可表达为 $T_\varepsilon = \min\{t \geqslant 0 : X_t \leqslant \varepsilon\}$。基于定理 2.1, 可得到关于 T_ε 的上界的通用定理。

定理 2.2 设 $\{X_t\}_{t=0}^{\infty}$ 是一个随机过程, 对任意的 $t \geqslant 0$, 均有 $X_t \geqslant 0$。令 $h : [0, A] \to \mathbb{R}^+$ 为一单调递增可积函数。当 $X_t > \varepsilon > 0$ 时, $E(X_t - X_{t+1}|\mathcal{H}_t) \geqslant h(X_t)$, 则下式对 T_ε 成立

$$E(T_\varepsilon|X_0) \leqslant 1 + \int_\varepsilon^{X_0} \frac{1}{h(x)} \mathrm{d}x \tag{2-2}$$

证明 令

$$g(x) = \begin{cases} 0, & x \leqslant \varepsilon \\ \displaystyle\int_\varepsilon^x \frac{1}{h(t)} \mathrm{d}t + 1, & x > \varepsilon \end{cases}$$

可得 (1) 当 $x > \varepsilon, y \leqslant \varepsilon$ 时,

$$g(x) - g(y) = \int_\varepsilon^x \frac{1}{h(t)} \mathrm{d}t + 1 \geqslant 1$$

(2) 当 $x > \varepsilon, y > \varepsilon$ 时,

$$g(x) - g(y) = \int_y^x \frac{1}{h(t)} \mathrm{d}t \geqslant \frac{x - y}{h(x)}$$

于是有 (1′) 当 $x > \varepsilon, y \leqslant \varepsilon$ 时,

$$E(g(X_t) - g(X_{t+1})|\mathcal{H}_t) \geqslant 1$$

(2′) 当 $x > \varepsilon, y > \varepsilon$ 时,

$$
\begin{aligned}
& E(g(X_t) - g(X_{t+1})|\mathcal{H}_t) \\
& \geqslant E\left(\frac{X_t - X_{t+1}}{h(X_t)}\Big|\mathcal{H}_t\right) \\
& = \frac{1}{h(X_t)} E(X_t - X_{t+1}|\mathcal{H}_t) \geqslant 1
\end{aligned}
$$

根据以上推导, 可得当 $X_t > \varepsilon > 0$ 时, $E(g(X_t) - g(X_{t+1})|\mathcal{H}_t) \geqslant 1$。注意到 $T_\varepsilon = \min\{t \geqslant 0 : X_t \leqslant \varepsilon\} = \min\{t \geqslant 0 : g(X_t) = 0\} \triangleq T_0^g$。假定 $X_0 > \varepsilon$, 由定理 2.1 得到

$$E(T_\varepsilon|X_0) = E(T_0^g|g(X_0)) \leqslant \frac{g(X_0)}{1} = 1 + \int_\varepsilon^{X_0} \frac{1}{h(t)} dt$$

证毕

在定理 2.2 中, 平均增益 δ_t 的下界 $h(X_t)$ 随 X_t 的变化而变化, 故无须寻找 δ_t 在 $t = 0, 1, 2, \cdots$ 上的一致下界, 这有助于获得 T_ε 的更紧上界。从定理 2.2 可推得以下特例。

推论 2.1 设 $\{X_t\}_{t=0}^\infty$ 是一个随机过程, 对任意的 $t \geqslant 0$, 有 $X_t \geqslant 0$。若存在 $0 < q \leqslant 1$, 使得 $E(X_t - X_{t+1}|\mathcal{H}_t) \geqslant qX_t (X_t > \varepsilon > 0)$, 则下式对 T_ε 成立。

$$E(T_\varepsilon|X_0) \leqslant \frac{1}{q}\ln\left(\frac{X_0}{\varepsilon}\right) + 1 \tag{2-3}$$

证明 令 $h(x) = qx$, 显然 $h(x)$ 单调递增、可积。由定理 2.2 可得

$$E(T_\varepsilon|X_0) \leqslant \int_\varepsilon^{X_0} \frac{1}{h(x)} dx + 1 = \int_\varepsilon^{X_0} \frac{1}{qx} dx + 1 = \frac{1}{q}\ln\left(\frac{X_0}{\varepsilon}\right) + 1$$

证毕

令 $T_\varepsilon = \min\{t \geqslant 0 : X_t \leqslant \varepsilon\}$ 为连续型进化算法找到 ε-近似解的 T_ε, 平均增益 δ_t 的计算在估计 T_ε 的上界时起到关键作用。

对于大部分进化算法, 种群 P_{t+1} 的状态仅仅依赖于种群 P_t。在这种情形下, 随机过程 $\{P_t\}_{t=0}^{+\infty}$ 可用 Markov 链来建模[13,20]。相应地, $\{X_t\}_{t=0}^{+\infty}$ 也可视

为 Markov 链。在这样的场合中，平均增益 $\delta_t = E(X_t - X_{t+1}|\mathcal{H}_t)$ 可被简化为 $\delta_t = E(X_t - X_{t+1}|X_t)$，这将使得计算更简便。

对于具有 Markov 性的进化算法，如果采用与平均增益模型相同的记号，则只需把定理 2.1、定理 2.2 和推论 2.1 中的 $\delta_t = E(X_t - X_{t+1}|\mathcal{H}_t)$ 改为 $\delta_t = E(X_t - X_{t+1}|X_t)$，所有的结论依然成立。以下是相应的结果。

定理 2.1′ 设 $\{X_t\}_{t=0}^{+\infty}$ 是一个与进化算法相关联的随机过程,对任意的 $t \geqslant 0$, 有 $X_t \geqslant 0$。假定 $E(T_0) < +\infty$，若对任意的 $t \geqslant 0$，有 $E(X_t - X_{t+1}|X_t) \geqslant \alpha > 0$，则 $E(T_0|X_0) \leqslant \dfrac{X_0}{\alpha}$。

定理 2.2′ 设 $\{X_t\}_{t=0}^{+\infty}$ 是一个与进化算法相关联的随机过程,对任意的 $t \geqslant 0$, 有 $X_t \geqslant 0$。设 $h : [0, A] \to \mathbb{R}^+$ 是一单调递增的可积函数。如果 $X_t > \varepsilon > 0$ 时, $E(X_t - X_{t+1}|X_t) \geqslant h(X_t)$，则对 T_ε 有 $E(T_\varepsilon|X_0) \leqslant 1 + \displaystyle\int_\varepsilon^{X_0} \dfrac{1}{h(x)} \mathrm{d}x$。

推论 2.1′ 设 $\{X_t\}_{t=0}^{+\infty}$ 是一个与进化算法相关联的随机过程,对任意的 $t \geqslant 0$, 有 $X_t \geqslant 0$。若存在 $0 < q \leqslant 1$，使得 $E(X_t - X_{t+1}|X_t) \geqslant qX_t \ (X_t > \varepsilon > 0)$，则下式对 T_ε 成立

$$E(T_\varepsilon|X_0) \leqslant \frac{1}{q} \ln\left(\frac{X_0}{\varepsilon}\right) + 1$$

3. 适应值层次模型

适应值层次模型最初由 Wegener 等提出[11]。初期的方法要求不可以跳过任意一个层次，Sudholt 成功放宽了此限制，并将研究函数的范围拓展到所有的单模态函数[23]。Zhou 等将尾部边界引入到适应值层次模型中[18]，获得如下结论。

定理 2.3[18] 假设运行时间 T 可表达为 $T = c_0 + \displaystyle\sum_{i=0}^{m-1} a_i T_i$，其中 c_0 为确定性项，$T_i(i = 0, \cdots, m-1)$ 相互独立且服从成功概率为 $p_i \in (0, 1]$ 的几何分布，则对任意给定的 $\delta \in (0, 1)$，相应的运行时间上界可表达为

$$L(\delta) \leqslant c_0 + 2\left(\sum_{i=0}^{m-1} a_i p_i^{-1} + h \log \delta^{-1}\right)$$

其中，$h = \displaystyle\max_{0 \leqslant i \leqslant m-1} p_i^{-1}$。

证明 参见文献 [17]。

证毕

Witt 去除了适应值层次法的部分约束条件，并估算了随机局部搜索（random local search，RLS）算法求解 ONEMAX 问题的计算时间复杂度[24]:

定理 2.4[24]　　设 T 为随机局部搜索算法在 ONEMAX 问题上的运行时间,则

(1) $E(T) = n \ln n + (\gamma - \ln 2)n \pm o(n)$。

(2) $\Pr(T \leqslant E(T) - rn) \leqslant \mathrm{e}^{-\frac{3r^2}{\pi^2}}$,　$\forall r > 0$。

(3) $\Pr(T \geqslant E(T) + rn) \leqslant \begin{cases} \mathrm{e}^{-\frac{3r^2}{2\pi^2}}, & 0 < r \leqslant \dfrac{\pi^2}{6} \\ \mathrm{e}^{-\frac{r}{4}}, & \text{其他} \end{cases}$。

证明　参见文献 [23]。

证毕

4. 漂移分析模型

漂移分析是针对进化算法平均时间复杂度的通用理论,最初由 He 和 Yao[13] 提出,之后得到众多科研工作者的拓展、改进和完善,产生了丰硕的研究成果[26-28]。特别是 Jägersküpper 融合了漂移分析和 Markov 链分析[25],显著改进了标准 (1+1)EA 在线性函数上的计算时间分析结果。

漂移分析的思想很直观:假如当前解与最优解的距离为 d,而每一步趋向最优解的漂移量不小于 Δ,则算法最多需要 d/Δ 步即可找到最优解,如图 2-1 所示。

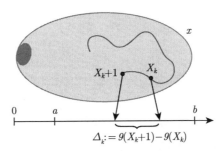

图 2-1　漂移分析示意图

漂移分析的基本定理如下。

定理 2.5[13]　给定一个 Markov 链 $\{\varphi_t\}_{t=0}^{+\infty}$ 和一个距离函数 $V(x)$,如果对 $\forall t \geqslant 0$ 和 $V(\varphi_t) > 0$ 下式成立

$$0 < c_l \leqslant E\left(V\left(\varphi_t\right) - V\left(\varphi_{t+1}\right)|\varphi_t\right) \leqslant c_u$$

则首达时间 τ 满足:

$$V\left(\varphi_0\right)/c_u \leqslant E\left(\tau|\varphi_0\right) \leqslant V\left(\varphi_0\right)/c_l$$

其中,c_l, c_u 是常数。

证明 参见文献 [13]。

证毕

5. 转换分析模型

Yu 和 Qian 首次提出转换分析法[22]，证明了适应值层次法和漂移分析法都可以规约到转换分析法。转换分析法并不直接分析待研究的进化算法，而是以被充分讨论的进化算法作为参考对象展开讨论，其定义如下。

定义 2.3[22] 给定两个 Markov 链 ξ 和 ξ'，设 τ 和 τ' 分别表示它们的首达时间，转换分析通过比较 $E(\tau|\xi_0 \sim \pi_0)$ 和 $E(\tau'|\xi'_0 \sim \pi_0^\varrho)$ 以确定待分析算法的首达时间，此处 π_0 和 π_0^ϱ 为初始状态分布。

Yu 和 Qian 以 (1+1)EA 为参考对象讨论了带变异算子的进化算法的期望运行时间，得到以下结论。

定理 2.6[22] 任意的基于变异的 EA，若其初始种群规模为 μ，变异概率为 $p \in (0, 0.5)$，则它在 UBoolean 问题上的平均运行时间至少与 $(1+1)\text{EA}_\mu$ 在 ONEMAX 问题上的平均运行时间一样多。

Qian 和 Yu 进一步证明了基于收敛性的分析方法也可以规约到转换分析法，并且证明在 (1+1)EA 求解 Trap 问题的案例中转换分析法可以求得更紧的下界[31]。

2.3 本 章 小 结

进化算法的计算时间复杂度分析是一个难度较大的理论研究课题，深受算法理论和实际应用工作者的关注。到目前为止，已有不少数学模型、分析工具和方法被提出，分别从不同角度来分析进化算法的时间复杂度。总的来说，适应值层次法、漂移分析法以及转换分析法主要是针对离散型进化算法而提出的，其中转换分析法借助已有分析结论来讨论新案例；鞅模型和平均增益模型主要讨论连续型进化算法。

第 3 章　基于 Markov 过程的理论与方法

在进化算法的时间复杂度研究中，有不少学者使用概率论的方法进行分析。可使用该方法的根本原因是大部分的进化算法都可以建模成吸收态 Markov 过程，而吸收态 Markov 过程在概率论中有着良好的理论性质。本章首先介绍基于 Markov 过程的进化算法时间复杂度分析方法，之后会以进化规划算法和蚁群优化算法为例，利用基于 Markov 过程的分析方法对这两个算法进行详细的分析与研究[21,43-45]。

3.1　基于 Markov 过程的进化算法时间复杂度分析

基于 Markov 过程的方法主要是基于期望首达时间（expected first hitting time，EFHT）的时间复杂度分析方法。该方法将利用期望首达时间作为衡量时间复杂度的指标，根据基于 Markov 过程的基本理论推导出进化算法的时间复杂度。在介绍该方法之前，我们先对进化算法的 Markov 过程模型进行简单介绍。

3.1.1　进化算法的 Markov 过程模型

在进化算法中，除了随机产生的第一代之外，每一代的产生都取决于上一代，而这种条件独立的性质可以被用作构建 Markov 过程。构建这种 Markov 过程的关键是将进化的种群映射到 Markov 过程的状态中。一个好的映射能使得一个 Markov 过程对应着进化算法中可能出现的一个种群。如果用 X 表示种群空间[46]，则可将 X 作为状态空间来构建进化算法的 Markov 过程，即 $\{\xi_t\}_{t=0}^{+\infty}$，$\xi_t \in X$。

如果某个种群含有一个全局最优解，则称该种群为最优种群。用 X^* 表示所有最优种群所组成的集合，那么进化算法就是为了将初始种群变成 X^* 中的一个种群的算法。因此，分析进化算法对应的 Markov 过程即可分析出进化算法寻找 X^* 的过程。

本节将先给出一些 Markov 过程的相关定义。给定一 Markov 过程 $\{\xi_t\}_{t=0}^{+\infty}$ $(\xi_t \in X)$ 和一个目标子空间 $X^* \subseteq X$，用 μ_t 表示 ξ_t 在 X^* 中的概率，即

$$\mu_t = \sum_{x \in X^*} P(\xi_t = x) \tag{3-1}$$

定义 3.1（收敛）　给定一 Markov 过程 $\{\xi_t\}_{t=0}^{+\infty}(\xi_t \in X)$ 和一个目标子空间

$X^* \subseteq X$, 若

$$\lim_{t \to +\infty} \mu_t = 1 \tag{3-2}$$

则称 $\{\xi_t\}_{t=0}^{+\infty}$ 收敛于 X^*。

定义 3.2 (收敛速率) 给定一 Markov 过程 $\{\xi_t\}_{t=0}^{+\infty}(\xi_t \in X)$ 和一个目标子空间 $X^* \subseteq X$，X^* 的收敛速率 t 定义为 $1 - \mu_t$。

定义 3.3 (吸收态 Markov 过程) 给定一 Markov 过程 $\{\xi_t\}_{t=0}^{+\infty}(\xi_t \in X)$ 和一个目标子空间 $X^* \subseteq X$, 若

$$\forall t \in \{0, 1, \cdots\}, P(\xi_{t+1} \notin X^* | \xi_t \in X^*) = 0 \tag{3-3}$$

则称该 Markov 过程为吸收态 Markov 过程。

由于吸收态 Markov 过程具备良好的理论性质，因此将使用吸收态 Markov 过程来对 EA 建模。EA 能够使用吸收态 Markov 过程建模的原因是一旦 EA 找到了全局最优解，则 EA 将不会淘汰这个解，这个性质符合吸收态 Markov 过程的定义。除模型之外，还需给出 EA 时间复杂度的衡量指标，这里使用期望首达时间进行衡量，其定义如下。

定义 3.4 (期望首达时间) 给定一 Markov 过程 $\{\xi_t\}_{t=0}^{+\infty}(\xi_t \in X)$ 和一个目标子空间 $X^* \subseteq X$, 引入随机变量 τ, $\tau \in \{0, 1, 2, \cdots\}$, 其中事件 $\tau = t$ 的含义为

$$\tau = 0 : \xi_0 \in X^*$$

$$\tau = 1 : \xi_1 \in X^* \wedge \xi_i \notin X^* (i = 0)$$

$$\tau = 2 : \xi_2 \in X^* \wedge \xi_i \notin X^* (\forall i \in \{0, 1\})$$

$$\cdots$$

$$\tau = t : \xi_t \in X^* \wedge \xi_i \notin X^* (\forall i \in \{0, 1, \cdots, t-1\})$$

则称 τ 的期望 $E\tau$ 为 Markov 过程的期望首达时间。

有了这些定义，即可构建 EA 时间复杂度分析的若干基本理论。

3.1.2 基于 Markov 性的时间复杂度分析理论

实际上，EA 在求解不同类型的问题时，其时间复杂度都会有所不同。本节所讨论的 EA 时间复杂度分析是针对组合优化问题。在介绍求解 EA 时间复杂度的定理之前，先引入两条引理[21]。

引理 3.1   给定一 Markov 过程 $\{\xi_t\}_{t=0}^{+\infty}(\xi_t \in X)$ 和一个目标子空间 $X^* \subseteq X$，如果两个序列 $\{\alpha_t\}_{t=0}^{+\infty}$ 和 $\{\beta_t\}_{t=0}^{+\infty}$ 满足：

$$\prod_{t=0}^{+\infty}(1 - \alpha_t) = 0 \tag{3-4}$$

且

$$\beta_t \geqslant \sum_{x \notin X^*} P(\xi_{t+1} \in X^* | \xi_t = x)\frac{P(\xi_t = x)}{1 - \mu_t} \geqslant \alpha_t \tag{3-5}$$

则有

$$(1 - \mu_0)\prod_{i=0}^{t-1}(1 - \alpha_i) \geqslant 1 - \mu_t \geqslant (1 - \mu_0)\prod_{i=0}^{t-1}(1 - \beta_i) \tag{3-6}$$

证明   根据式 (3-1) 和式 (3-3)，可得

$$\mu_t - \mu_{t-1} = \sum_{x \notin X^*} P(\xi_t \in X^* | \xi_{t-1} = x)P(\xi_{t-1} = x)$$

再根据式 (3-5) 得

$$(1 - \mu_{t-1})\alpha_{t-1} \leqslant \mu_t - \mu_{t-1} \leqslant (1 - \mu_{t-1})\beta_{t-1}$$

$$(1 - \mu_{t-1})(1 - \alpha_{t-1}) \geqslant 1 - \mu_t \geqslant (1 - \mu_{t-1})(1 - \beta_{t-1})$$

结合两个不等式，得

$$(1 - \mu_0)\prod_{i=0}^{t-1}(1 - \alpha_i) \geqslant 1 - \mu_t \geqslant (1 - \mu_0)\prod_{i=0}^{t-1}(1 - \beta_i)$$

证毕

引理 3.1 表明，只要能够估计 EA 每一步到达最优解集的概率，就可以推导出 EA 收敛速率的界限。基于引理 3.1，可得到收敛速率与期望首达时间关系如下。

引理 3.2   设 u 和 v 表示两个离散随机变量，u, v 具有有限期望且为非负整数，$D_u(\cdot)$ 和 $D_v(\cdot)$ 分别表示 u 和 v 的分布函数，即

$$D_u(t) = P(u \leqslant t) = \sum_{i=0}^{t} P(u = i)$$

$$D_v(t) = P(v \leqslant t) = \sum_{i=0}^{t} P(v = i)$$

若有 $D_u(t) \geqslant D_v(t)(\forall t = 0, 1, \cdots)$，则 u, v 的期望满足：

$$Eu \leqslant Ev \tag{3-7}$$

其中 $Eu = \sum\limits_{t=0,1,\cdots} tP(u = t), Ev = \sum\limits_{t=0,1,\cdots} tP(v = t)$。

证明 由期望的定义可得

$$Eu = 0 \cdot D_u(0) + \sum_{t=1}^{+\infty} t(D_u(t) - D_u(t-1))$$

$$= \sum_{i=1}^{+\infty} \sum_{t=i}^{+\infty} (D_u(t) - D_u(t-1))$$

$$= \sum_{i=0}^{+\infty} (\lim_{t \to +\infty} D_u(t) - D_u(i))$$

$$= \sum_{i=0}^{+\infty} (1 - D_u(i))$$

同理

$$Ev = \sum_{i=0}^{+\infty} (1 - D_v(i))$$

所以

$$Eu - Ev = \sum_{i=0}^{+\infty} (D_v(i) - D_u(i)) \leqslant 0$$

证毕

引理 3.2 则揭示了期望首达时间的上下界可以通过收敛速率的上下界导出。因此，可以得到 EA 时间复杂度的定理。

定理 3.1 给定一 Markov 过程 $\{\xi_t\}_{t=0}^{+\infty}(\xi_t \in X)$ 和一个目标子空间 $X^* \subseteq X$，如果两个序列 $\{\alpha_t\}_{t=0}^{+\infty}$ 和 $\{\beta_t\}_{t=0}^{+\infty}$ 满足：

$$\prod_{t=0}^{+\infty} (1 - \alpha_t) = 0 \tag{3-8}$$

且

$$\beta_t \geqslant \sum_{x \notin X^*} P(\xi_{t+1} \in X^* | \xi_t = x) \frac{P(\xi_t = x)}{1 - \mu_t} \geqslant \alpha_t \tag{3-9}$$

若 Markov 过程收敛且从非最优解开始，则有

$$\beta_0 + \sum_{t=2}^{+\infty} t\beta_{t-1} \prod_{i=0}^{t-2}(1-\beta_i) \leqslant E\tau \leqslant \alpha_0 + \sum_{t=2}^{+\infty} t\alpha_{t-1} \prod_{i=0}^{t-2}(1-\alpha_i) \tag{3-10}$$

证明　构建 τ，使得 $D_\tau(t) = \mu_t$，则可以得到 $D_\tau(t)$ 的下界为

$$D_\tau(t) \geqslant \begin{cases} \mu_0, & t = 0 \\ 1 - (1-\mu_0)\prod_{i=0}^{t-1}(1-\alpha_i), & t = 1, 2, \cdots \end{cases}$$

假设存在一个随机变量 η 的分布等于 D_τ 的下界，则 η 的期望为

$$E\eta = \left(\alpha_0 + \sum_{t=2}^{+\infty} t\alpha_{t-1} \prod_{i=0}^{t-2}(1-\alpha_i)\right)(1-\mu_0)$$

由引理 3.2 可得

$$E\tau \leqslant \left(\alpha_0 + \sum_{t=2}^{+\infty} t\alpha_{t-1} \prod_{i=0}^{t-2}(1-\alpha_i)\right)(1-\mu_0)$$

又由于 Markov 过程从非最优解开始，即 EA 的初始解是非最优解，所以 $\mu_0 = 0$，即

$$E\tau \leqslant \alpha_0 + \sum_{t=2}^{+\infty} t\alpha_{t-1} \prod_{i=0}^{t-2}(1-\alpha_i)$$

同理可证

$$\beta_0 + \sum_{t=2}^{+\infty} t\beta_{t-1} \prod_{i=0}^{t-2}(1-\beta_i) \leqslant E\tau$$

证毕

根据这个公式，可以推出期望首达时间的界为

$$\sum_{x \notin X^*} P(\xi_{t+1} \in X^* | \xi_t = x) \frac{P(\xi_t = x)}{1-\mu_t} \tag{3-11}$$

由此，得到了 EA 的时间复杂度分析基本结论，下面利用这结论进行案例分析。

3.1.3 简单的 EA 时间复杂度分析案例

本次探讨的是用 EA 处理 Trap 问题的时间复杂度，该问题的定义如下。

定义 3.5 (Trap 问题)　给定一个有 n 个正数的集合 $W = \{w_i\}_{i=1}^n$ 和一个容量值 c，求满足条件的 x^*，其条件为

$$x^* = \arg\max_{x \in \{0,1\}^n} \sum_{i=1}^n w_i \cdot x_i$$

$$\text{s.t.} \sum_{i=1}^n w_i \cdot x_i \leqslant c$$

其中，$w_1 = w_2 = \cdots = w_{n-1} > 1, w_n = \left(\sum\limits_{i=1}^{n-1} w_i\right) + 1, c = w_n$。

针对这一问题，下面将分析个体静态变异、群体静态变异、群体突变与重组这三种搜索方式下进化算法的时间复杂度。

1. 个体静态变异案例

命题 3.1　如果 EA 的种群大小为 1，且以恒定的变异概率 $p_m \in (0, 0.5)$ 独立翻转每个解的每一位，则该算法解决 Trap 问题的期望首达时间下界为

$$E\tau = \Omega(\theta^n)$$

其中，$\theta = (1 - p_m)^{-1} \in (1, 2]$ 是个常数，n 为问题维度。

证明　因为 $P(\xi_{t+1} \in X^* | \xi_t = x) \leqslant p_m(1 - p_m)^{n-1}$，所以

$$\sum_{x \notin X^*} P(\xi_{t+1} \in X^* | \xi_t = x) \frac{P(\xi_t = x)}{1 - \mu_t}$$

$$\leqslant \sum_{x \notin X^*} p_m(1 - p_m)^{n-1} \frac{P(\xi_t = x)}{1 - \mu_t}$$

$$= p_m(1 - p_m)^{n-1} \frac{\sum\limits_{x \notin X^*} P(\xi_t = x)}{1 - \mu_t}$$

$$= p_m(1 - p_m)^{n-1}$$

所以，令 $\beta_t = p_m(1 - p_m)^{n-1}$ 则

$$E\tau \geqslant \beta_0 + \sum_{t=2}^{+\infty} t\beta_{t-1} \prod_{i=0}^{t-2} (1 - \beta_i) = \frac{1}{p_m}\left(\frac{1}{1 - p_m}\right)^{n-1} = \frac{1}{p_m}\theta^{n-1}$$

所以 $E\tau = \Omega(\theta^n)$。

证毕

观察该证明过程可以发现，估算时间复杂度的方法大致为：利用式 (3-11)，即 $\sum\limits_{x \notin X^*} P(\xi_{t+1} \in X^* | \xi_t = x)\dfrac{P(\xi_t = x)}{1 - \mu_t}$，先估算进化算法期望首达时间的下界，再构建序列 β_t，利用定理 3.1 证明 $E\tau$ 的下界。在变异概率不同的情形中，读者可遵循上述方法对 EA 的时间复杂度进行分析。因此接下来的个体静态变异案例将直接给出结果，读者若感兴趣，可尝试自行证明。

命题 3.2　如果 EA 的种群大小为 1，且以 $p_m = 1/n$ 的变异概率独立翻转每个解的每一位，则该算法解决 Trap 问题的时间复杂度为

$$E\tau = \Omega(2^n)$$

其中，n 为问题维度。

命题 3.3　如果 EA 的种群大小为 1 且随机翻转每个解的其中一位，则该算法解决 Trap 问题的时间复杂度为

$$E\tau = \Omega(2^n)$$

其中，n 为问题维度。

2. 群体静态变异案例

命题 3.4　如果 EA 的种群大小等于问题维度，且以恒定的变异概率 $p_m \in (0, 0.5)$ 独立翻转每个解的每一位，则该算法解决 Trap 问题的时间复杂度为

$$E\tau = \Omega\left(\frac{\theta^n}{n}\right)$$

其中，$\theta = (1 - p_m)^{-1} \in (1, 2]$ 是个常数，n 为问题维度。

证明　因为 $P(\xi_{t+1} \in X^* | \xi_t = x) \leqslant 1 - (1 - p_m(1 - p_m)^{n-1})^n$，所以

$$\sum_{x \notin X^*} P(\xi_{t+1} \in X^* | \xi_t = x)\frac{P(\xi_t = x)}{1 - \mu_t}$$

$$\leqslant \sum_{x \notin X^*} p_m(1 - p_m)^{n-1}\frac{P(\xi_t = x)}{1 - \mu_t}$$

$$= (1 - (1 - p_m(1 - p_m)^{n-1})^n)\frac{\sum\limits_{x \notin X^*} P(\xi_t = x)}{1 - \mu_t}$$

$$= 1 - (1 - p_m(1 - p_m)^{n-1})^n$$

$$\sim np_m(1 - p_m)^{n-1}$$

所以，令 $\beta_t = np_m(1 - p_m)^{n-1}$ 则

$$E\tau \geqslant \beta_0 + \sum_{t=2}^{+\infty} t\beta_{t-1} \prod_{i=0}^{t-2}(1 - \beta_i) = \frac{1}{n}\frac{1}{p_m}\left(\frac{1}{1 - p_m}\right)^{n-1} = \frac{\theta^{n-1}}{np_m}$$

所以 $E\tau = \Omega\left(\dfrac{\theta^n}{n}\right)$。

证毕

实际上，群体静态变异情形的分析方法与个体静态变异大致相同，因此读者可尝试自行证明以下命题。

命题 3.5 如果 EA 的种群大小等于问题维度，且以 $p_m = 1/n$ 的变异概率独立翻转每个解的每一位，则该算法解决 Trap 问题的时间复杂度为

$$E\tau = \Omega\left(\frac{2^n}{n^2}\right)$$

其中，n 为问题维度。

命题 3.6 如果 EA 的种群大小等于问题维度且随机翻转每个解的其中一位，则该算法解决 Trap 问题的时间复杂度为

$$E\tau = \Omega\left(\frac{2^n}{n^2}\right)$$

其中，n 为问题维度。

3. 群体突变与重组案例

与前两种案例不同的是，群体突变与重组案例涉及重组过程，在分析 $P(\xi_{t+1} \in X^*|\xi_t = x)$ 时比前两种情况复杂，因此需要引入以下引理[21]。

引理 3.3 假设使用种群大小等于问题维度的 EA 求解 Trap 问题，如果 EA 的种群大小为 n。给定一个函数 $\Phi : X \to Z$，该函数将截断种群中所有解的最后一位。Z 是另一个种群空间 $Z = \{0,1\}^{n(n-1)}$，每个种群包含 n 个长度为 $n-1$ 的解。若存在一个来自 S_1 的当前种群 ξ_t，则

$$\forall \widetilde{Z} \subseteq Z : P(\Phi(\xi_t) \in \widetilde{Z}) = \frac{|\widetilde{Z}|}{|Z|}$$

由于该引理的证明较为复杂，本书不展开证明，有兴趣的读者可阅读文献 [21]。根据这个引理，可以推出以下结论。

命题 3.7　如果 EA 的种群大小等于问题维度（n 为问题维度），

(1) 重组并以恒定的变异概率 $p_m \in (0, 0.5)$ 独立翻转每个解的每一位，则该算法解决 Trap 问题的时间复杂度为

$$E\tau = \Omega\left(\frac{2^n}{n^3}\right)$$

(2) 重组并以 $p_m = 1/n$ 的变异概率独立翻转每个解的每一位，则该算法解决 Trap 问题的时间复杂度为

$$E\tau = \Omega\left(\frac{2^n}{n^3}\right)$$

(3) 重组并随机翻转每个解的其中一位，则该算法解决 Trap 问题的时间复杂度为

$$E\tau = \Omega\left(\frac{2^n}{n^3}\right)$$

通过这几种分析可以发现，EA 在处理 Trap 问题时基本上都需要指数时间，由此可以看出 EA 很难解决 Trap 问题。这是因为 Trap 问题解空间维度为 n 的指数级，记为 $\exp(n)$，而 EA 的种群规模不大于 n 的多项式级，记为 $\mathrm{poly}(n)$。因此至少存在一个 Trap 问题实例使得 EA 的期望首达时间将不会小于 $\exp(n)/\mathrm{ploy}(n)$。

本节在 EA 和期望首达时间之间建立了理论桥梁，并利用基于期望首达时间的时间复杂度分析方法对 EA 进行了分析。由于该方法建立在吸收态 Markov 过程上，因此它适用于大部分的 EA。该方法的限制条件比较严格，因此求得的界限也较为精确。但是相对地，严格的限制条件导致该方法适用范围较小。下节将以进化规划算法为例进行时间复杂度分析。

3.2　基于 Markov 过程的进化规划算法时间复杂度分析

本节将以进化规划算法为例，讲述如何使用基于 Markov 过程的时间复杂度分析方法求得进化规划算法的期望收敛时间。

3.2.1　进化规划算法简介

进化规划算法作为一种经典的进化算法，较多用于求解连续优化问题。EP 最初是以有限状态机技术的形式出现的，后来推广应用至连续优化问题、组合优化问题和实际工程优化问题中。EP 求解连续优化问题（如全局极小化问题）时，其优化问题模型和算法框架如算法 3-1 所示。

定义 3.6 假设一个全局极小化问题记为 (S, f)，其中 $S \subseteq \mathbb{R}^n$ 是一个在 n 维实数域 $\mathbb{R}^n$ 的有界集合，而 $f : S \to \mathbb{R}$ 是一个 n 维实空间上的实值函数；该优化问题是为了找到点 $x_{\min} \in S$，满足 $f(x_{\min})$ 是在 S 上的最小值，即

$$\forall x \in S, f(x_{\min}) \leqslant f(x)$$

由于基于 Markov 过程的时间复杂度分析方法主要研究无约束的连续优化问题，为不失一般性，考虑 $S \subseteq \prod\limits_{i=1}^{n} [-b_i, b_i], b_i > 0$。而 EP 的框架如下。

算法 3-1 EP 算法

输入: 组合优化问题
输出: 最优解

1: $t \leftarrow 0$
2: 任意生成 m_p 个初始个体 (x_i, σ_i)。
3: **while** 未满足终止条件 **do**
4:    根据目标函数 $f(x_i)$ 评估每一个个体 (x_i, σ_i) 的适应值。
5:    对于每个个体 (x_i, σ_i) 执行以下公式以生成子代个体 (x_i', σ_i');

$$\sigma_i'(j) = \sigma_i(j) g_j \tag{3-12}$$

$$x_i'(j) = x_i(j) + \sigma_i(j) F_j \tag{3-13}$$

6:    评估 m_p 个子代个体 x_i'。
7:    将父代个体和子代个体合并一起，通过"轮盘赌"的选择方式将其中 m_p 个个体作为子代。
8:    $t = t + 1$
9: **end while**
10: **return** 最优解

在算法 3-1 的第 2 步中，每个个体 (x_i, σ_i) 是一对实值向量，$i = 1, \cdots, m_p$。其中，x_i 是待优化的目标向量，σ_i 是 x_i 的变异步长向量。在第 5 步中，$x_i(j)$，$\sigma_i(j)$，$x_i'(j)$，$\sigma_i'(j)$ 分别是向量 x_i，σ_i，x_i'，σ_i' 的第 j 个分量，F_j 是服从某个分布的随机数，对应第 j 个分量，g_j 是对应 σ_i 第 j 个变异步长分量的更新系数，当 $x_i'(j) > b_j$ 时，$x_i'(j) = b_j$；当 $x_i'(j) < -b_j$ 时，$x_i'(j) = -b_j$，$j = 1, \cdots, n$。第 7 步中"轮盘赌"的具体选择方式如下：将父代个体和子代个体合并一起，对其中每个个体 x_i，$i = 1, \cdots, 2m_p$，从父代和子代的并集中随机选择出另外 q 个个体（q 为参与比较个体的数目），逐一比较两个个体的适应值，如果个体 x_i 适应值较大，则 x_i 得到一次获胜。获胜的次数越多，被选择的概率越高。

由此，我们得到了优化问题的模型与 EP 的框架，下面将根据该模型与框架构建 EP 的 Markov 过程模型。

3.2.2　进化规划算法的 Markov 过程模型

在构建 Markov 过程模型的过程中，函数 f 需要基于以下三个假设：

（1）f 是有界函数；

（2）整体的极小（极大）值点集 $\arg f^*$ 非空；

（3）对于 $\forall \varepsilon > 0$，集合 $M_\varepsilon = \{x \in S | f(x) \geqslant f^* - \varepsilon\}$，满足 M_ε 的勒贝格测度 $m(M_\varepsilon) > 0$，其中 $f^* = \min\{f(x) | x \in S\}$（以极小化问题为例）。

假设（1）是由本书研究问题的范围决定的。假设（2）是 EP 求解目标问题的必要属性，$\arg f^*$ 为空的问题，在实际中没有什么意义。不满足假设（3）的问题是任何方法都难以求解的。因此这三条假设都是合理的。基于这些假设，下面给出 EP 的 Markov 过程数学模型。

定义 3.7　EP 对应的随机过程为 $\{\xi_t^{\mathrm{EP}}\}_{t=0}^{+\infty}$，其中，$\xi_t^{\mathrm{EP}} = \bigcup_{i=1}^{m_p} \{(x_{i,t}, \sigma_{i,t})\}$，$x_{i,t}$ 是时刻 t 的 n 维实向量，$\sigma_{i,t}$ 是时刻 t 的 x_i 的变异步长 n 维实向量，$t = 0, 1, 2, \cdots$。

定义 3.8　EP 对应的状态空间为 Y_{EP}，满足 $\xi_t^{\mathrm{EP}} \in Y_{\mathrm{EP}}$，$t = 0, 1, 2, \cdots$。

定义 3.9　EP 对应的最优状态空间为 $Y_{\mathrm{EP}}^* \subseteq Y_{\mathrm{EP}}$，对于 $\forall \xi^* \in Y_{\mathrm{EP}}^*$，满足 $\forall \varepsilon > 0$，$\exists (x_i^*, \sigma_i) \in \xi^*$，使得 $x_i' \in M_\varepsilon = \{x \in S | f(x) \geqslant f^* - \varepsilon\}$。

根据以上定义，可以得到引理 3.4。

引理3.4　设 EP 的随机过程为 $\{\xi_t^{\mathrm{EP}}\}_{t=0}^{+\infty}$，则 $\{\xi_t^{\mathrm{EP}}\}_{t=0}^{+\infty}$ 为离散时间的 Markov 过程。

证明　由定义 3.7 可知，状态 $\{\xi_t^{\mathrm{EP}}\}_{t=0}^{+\infty} = \bigcup_{i=1}^{m_p} \{(x_{i,t}, \sigma_{i,t})\}$ 为实向量集，所以 ξ_t^{EP} 的状态空间 Y_{EP} 是连续的。由 EP 的选择机制（算法 3-1）可以发现，ξ_t^{EP} 只是由 ξ_{t-1}^{EP} 决定，$t = 1, 2, \cdots$，且 ξ_0^{EP} 可任意选择。因此，$P\{\xi_t^{\mathrm{EP}} \in Y' | \xi_0^{\mathrm{EP}}, \cdots, \xi_{t-1}^{\mathrm{EP}}\} = P\{\xi_t^{\mathrm{EP}} \in Y' | \xi_{t-1}^{\mathrm{EP}}\}$，$\forall Y' \subseteq Y$，即 $\{\xi_t^{\mathrm{EP}}\}_{t=0}^{+\infty}$ 具有 Markov 性。

证毕

定义 3.10　给定一个 Markov 过程 $\{\xi_t^{\mathrm{EP}}\}_{t=0}^{+\infty} (\xi_t \in Y_{\mathrm{EP}})$，$Y_{\mathrm{EP}}^* \subseteq Y_{\mathrm{EP}}$ 为最优状态空间，若满足 $P\{\xi_{t+1} \notin Y_{\mathrm{EP}}^* | \xi_t \in Y_{\mathrm{EP}}^*\} = 0$，$t = 0, 1, 2, \cdots$，则称 $\{\xi_t^{\mathrm{EP}}\}_{t=0}^{+\infty}$ 为吸收态 Markov 过程。

基于定义 3.10，可知 EP 的随机过程是一个吸收态 Markov 过程，见引理 3.5。

引理3.5　设 EP 的随机过程为 $\{\xi_t^{\mathrm{EP}}\}_{t=0}^{+\infty}$，则 $\{\xi_t^{\mathrm{EP}}\}_{t=0}^{+\infty}$ 是一个吸收态 Markov 过程。

证明　定义 3.10 所反映的是吸收态 Markov 过程一旦达到最优状态空间，就会被吸附其中永远不会出来，而根据 EP 的框架可以知道，EP 采用竞赛选择，因此当最优解出现时，EP 会保留当前最优解。

证毕

3.2.3 进化规划算法时间复杂度分析的基本理论

有了 EP 的 Markov 过程模型后，即可开始计算 EP 的时间复杂度。本次分析使用的时间复杂度分析指标为期望收敛时间。事实上，收敛时间与期望首达时间有异曲同工之处，下面将先给出收敛时间和期望首达时间的定义，再证明这两个时间相等。

定义 3.11 EP 对应的 Markov 过程为 $\{\xi_t^{\mathrm{EP}}\}_{t=0}^{+\infty}$，最优状态空间 $Y^* \subseteq Y$，对 $\forall \xi_0^{\mathrm{EP}}$，若 $\exists t_0 \in \{0, 1, \cdots\}$，当 $t \geqslant t_0$ 时，$P\{\xi_t^{\mathrm{EP}} \in Y^*\} = 1$ 成立，则称 $\gamma = \min\{t_0\}$ 为 EP 的收敛时间。

定义 3.12 EP 对应的 Markov 过程为 $\{\xi_t^{\mathrm{EP}}\}_{t=0}^{+\infty}$，最优状态空间 $Y^* \subseteq Y$，若 μ 是一个随机变量，满足 $\mu = t \Leftrightarrow P\{\xi_t^{\mathrm{EP}} \in Y^* \wedge \xi_i^{\mathrm{EP}} \notin Y^*\} = 1 (i = 0, 1, \cdots, t-1)$，则称 μ 的数学期望 $E\mu$ 为期望首达时间。

引理 3.6 若 EP 对应的随机过程 $\{\xi_t^{\mathrm{EP}}\}_{t=0}^{+\infty}$ 是一个吸收态 Markov 过程，则进化算法的收敛时间 γ 等于期望首达时间 $E\mu$。

证明 根据定义 3.12，当 $t = \mu$ 时，$\xi_t^{\mathrm{EP}} \in Y^*$，因为 $\{\xi_t^{\mathrm{EP}}\}_{t=0}^{+\infty}$ 是吸收态 Markov 过程，所以由定义 3.10 可知，$P\{\xi_{t+1}^{\mathrm{EP}} \notin Y^* | \xi_t^{\mathrm{EP}} \in Y^*\} = 0$。因为 $P\{\xi_{\mu+1}^{\mathrm{EP}} \notin Y^* | \xi_\mu^{\mathrm{EP}} \in Y^*\} = 0$ 且 $P\{\xi_\mu^{\mathrm{EP}} \in Y^*\} = 1$，所以 $P\{\xi_\mu^{\mathrm{EP}} \notin Y^*\} = 0$，由全概率公式可得

$$P\{\xi_{\mu+1}^{\mathrm{EP}} \notin Y^*\} = P\{\xi_{\mu+1}^{\mathrm{EP}} \notin Y^* | \xi_\mu^{\mathrm{EP}} \in Y^*\} \cdot P\{\xi_\mu^{\mathrm{EP}} \in Y^*\}$$
$$+ P\{\xi_{\mu+1}^{\mathrm{EP}} \notin Y^* | \xi_\mu^{\mathrm{EP}} \notin Y^*\} \cdot P\{\xi_\mu^{\mathrm{EP}} \notin Y^*\} = 0$$

所以 $P\{\xi_{\mu+1}^{\mathrm{EP}} \in Y^*\} = 1$；同理可证，当 $t > \mu$ 时，$P\{\xi_t^{\mathrm{EP}} \in Y_\mu^*\} = 1$。因此，根据定义 3.11，有 $\gamma \leqslant \mu$。根据定义 3.11，当 $t \geqslant \gamma$ 时，即 $P\{\xi_\gamma^{\mathrm{EP}} \in Y^*\} = 1$；则根据定义 3.12 中 μ 的性质，$\mu \leqslant \gamma$。综上所述，$\mu = \gamma$ 成立。

证毕

因此，可以通过计算期望首达时间（定义 3.12）来得到进化算法的收敛时间，定理 3.2 给出了直接的计算方法。

定理 3.2 设 EP 对应的随机过程为 $\{\xi_t^{\mathrm{EP}}\}_{t=0}^{+\infty}$，若 $\lim\limits_{t \to +\infty} \lambda_t = 1$，其中 $\lambda_t = P\{\xi_t^{\mathrm{EP}} \in Y_{\mathrm{EP}}^*\}$，其期望收敛时间为 $E\gamma = \sum\limits_{t=0}^{+\infty} (1 - \lambda_t)$。

证明 根据定义 3.12，且因为 ξ_i^{EP} 是一个吸收态 Markov 过程（引理 3.5），对 $t = 0, 1, 2, \cdots$，有

$$\lambda_t = P\{\xi_t^{\mathrm{EP}} \in Y_{\mathrm{EP}}^*\} = P\{\mu \leqslant t\}$$

所以

$$\lambda_t - \lambda_{t-1} = P\{\mu \leqslant t\} - P\{\mu \leqslant t-1\}$$

即

$$P\{\mu = t\} = \lambda_t - \lambda_{t-1}$$

则 $E\mu = 0 \cdot P\{\mu = 0\} + \sum_{t=1}^{+\infty} tP\{\mu = t\} = \sum_{t=1}^{+\infty} tP\{\mu = t\}$，即

$$E\mu = \sum_{t=1}^{+\infty} t(\lambda_t - \lambda_{t-1})$$

又因为

$$
\begin{aligned}
E\mu &= \sum_{t=1}^{+\infty} t(\lambda_t - \lambda_{t-1}) = \sum_{t=1}^{+\infty} \sum_{i=t}^{+\infty} (\lambda_i - \lambda_{i-1}) \\
&= \sum_{t=1}^{+\infty} (\lim_{N \to +\infty} \lambda_N - \lambda_{t-1}) \\
&= \sum_{t=1}^{+\infty} (1 - \lambda_{t-1}) \\
&= \sum_{t=0}^{+\infty} (1 - \lambda_t)
\end{aligned}
$$

根据引理 3.6，$E\mu = E\gamma = \sum_{t=0}^{+\infty} (1 - \lambda_t)$ 成立。

证毕

根据这个定理，可以推出以下这些推论。

推论 3.1　设 EP 对应的随机过程为 $\{\xi_t^{EP}\}_{t=0}^{+\infty}$，$\lambda_t = P\{\xi_t^{EP} \in Y_{EP}^*\}$ 且 $p_t = P\{\xi_t^{EP} \in Y_{EP}^* | \xi_{t-1}^{EP} \notin Y_{EP}^*\}$，$t = 0, 1, 2, \cdots$，若 $\lim_{t \to +\infty} \lambda_t = 1$，则

$$E\mu = \sum_{t=0}^{+\infty} \left((1 - \lambda_0) \prod_{i=1}^{t} (1 - p_i) \right)$$

证明　因为 $\lambda_t = P\{\xi_t^{EP} \in Y_{EP}^*\} = P\{\mu \leqslant t\}$，所以，对 $t = 0, 1, 2, \cdots$，有 $\lambda_t = (1 - \lambda_{t-1})P\{\xi_t^{EP} \in Y_{EP}^* | \xi_{t-1}^{EP} \notin Y_{EP}^*\} + \lambda_{t-1}P\{\xi_t^{EP} \in Y_{EP}^* | \xi_{t-1}^{EP} \in Y_{EP}^*\}$。因为 $\{\xi_t^{EP}\}_{t=0}^{+\infty}$ 为吸收态 Markov 过程，所以根据定义 3.10，$P\{\xi_t^{EP} \in Y_{EP}^* | \xi_{t-1}^{EP} \in Y_{EP}^*\} = 1$。将 $P\{\xi_t^{EP} \in Y_{EP}^* | \xi_{t-1}^{EP} \notin Y_{EP}^*\} = p_t$ 代入 λ_t 的计算公式中，可得 $\lambda_t = (1 - \lambda_{t-1})p_t + \lambda_{t-1}$，因此，有

$$1 - \lambda_t = 1 - \lambda_{t-1} - (1 - \lambda_{t-1})p_t \Leftrightarrow 1 - \lambda_t = (1 - p_t)(1 - \lambda_{t-1}) = (1 - \lambda_0)\prod_{i=1}^{t}(1 - p_i)$$

所以，根据定理 3.2，有

$$E\mu = \sum_{t=0}^{+\infty}(1-\lambda_t) = \sum_{t=0}^{+\infty}\left((1-\lambda_0)\prod_{i=1}^{t}(1-p_i)\right)$$

证毕

推论 3.2 若 $\{\xi_t^{\mathrm{EP}}\}_{t=0}^{+\infty}$ 为 EP 吸收态 Markov 过程，且 $\alpha_t \leqslant P\{\xi_t^{\mathrm{EP}} \in Y_{\mathrm{EP}}^* | \xi_{t-1}^{\mathrm{EP}} \notin Y_{\mathrm{EP}}^*\} \leqslant \beta_t$，则

$$\sum_{t=0}^{+\infty}\left((1-\lambda_0)\prod_{i=1}^{t}(1-\beta_i)\right) \leqslant E\gamma^{\mathrm{EP}} \leqslant \sum_{t=0}^{+\infty}\left((1-\lambda_0)\prod_{i=1}^{t}(1-\alpha_i)\right), t=0,1,2,\cdots$$

证明 因为 $\lambda_t = (1-\lambda_{t-1})P\{\xi_t^{\mathrm{EP}} \in Y_{\mathrm{EP}}^* | \xi_{t-1}^{\mathrm{EP}} \notin Y_{\mathrm{EP}}^*\} + \lambda_{t-1}P\{\xi_t^{\mathrm{EP}} \in Y_{\mathrm{EP}}^* | \xi_{t-1}^{\mathrm{EP}} \in Y_{\mathrm{EP}}^*\}$，所以有

$$1-\lambda_t \leqslant (1-\alpha_t)(1-\lambda_{t-1}) \leqslant (1-\lambda_0)\prod_{i=1}^{t}(1-\alpha_i)$$

同理，有

$$1-\lambda_t \geqslant (1-\beta_t)(1-\lambda_{t-1}) \geqslant (1-\lambda_0)\prod_{i=1}^{t}(1-\beta_i)$$

所以

$$\sum_{t=0}^{+\infty}\left((1-\lambda_0)\prod_{i=1}^{t}(1-\beta_i)\right) \leqslant E\gamma^{\mathrm{EP}} \leqslant \sum_{t=0}^{+\infty}\left((1-\lambda_0)\prod_{i=1}^{t}(1-\alpha_i)\right), t=0,1,2,\cdots$$

证毕

推论 3.3 给定 EP 对应的吸收态 Markov 过程 $\{\xi_t^{\mathrm{EP}}\}_{t=0}^{+\infty}$，如果满足 $\alpha \leqslant P\{\xi_t^{\mathrm{EP}} \in Y_{\mathrm{EP}}^* | \xi_{t-1}^{\mathrm{EP}} \notin Y_{\mathrm{EP}}^*\} \leqslant \beta(\alpha, \beta > 0, t=0,1,2,\cdots)$ 且 $\lim_{t\to+\infty}\lambda_t = 1$，则 $(1-\lambda_0)\beta^{-1} \leqslant E\gamma^{\mathrm{EP}} \leqslant (1-\lambda_0)\alpha^{-1}$。

证明 取 $\alpha_t = \alpha$ 和 $\beta_t = \beta$，根据推论 3.2，可得 $(1-\lambda_0)\beta^{-1} \leqslant E\gamma^{\mathrm{EP}} \leqslant (1-\lambda_0)\alpha^{-1}$。

证毕

推论 3.1 是估算 EP 期望收敛时间的直接方法，而且在实际运用中推论 3.1 比定理 3.2 更为实用。这是因为 $P\{\xi_t^{\mathrm{EP}} \in Y_{\mathrm{EP}}^* | \xi_{t-1}^{\mathrm{EP}} \notin Y_{\mathrm{EP}}^*\}$ 往往与 EP 的变异更新和选择机制有关，可以通过分析得到 p_t 的表达式，从而运用推论 3.1 得到期望

收敛时间。但是在一般情况下，对 p_t 的分析是比较复杂的，可以通过分析 p_t 的上下界来估算 $E\gamma$，即推论 3.2 和推论 3.3。其中，推论 3.3 给出了当概率上下界与时间 t 无关时的一个结论，同时给出了 EP 参数与 $E\gamma^{\mathrm{EP}}$ 的关系。下面将利用这些定理与推论进行案例分析。

3.2.4　Gauss 变异进化规划算法的时间复杂度分析

Gauss 变异的 EP，也称经典进化规划（classical evolutionary programming，CEP）是 EP 研究的经典之作。许多实数编码遗传算法和进化算法的变形都借鉴了 CEP 的 Gauss 变异算子设计。本节主要研究 Fogel[47]，Bäck 和 Schwefel[48-49] 等提出的 CEP 算法。该算法与 3.2.1 节 EP 的流程基本一致，主要是在式（3-12）与式（3-13）中加入了高斯分布函数，即

$$\sigma_i'(j) = \sigma_i(j) \exp(\tau' N_i(0,1) + \tau N_j(0,1)) \tag{3-14}$$

$$x_i'(j) = x_i(j) + \sigma_i(j) N_j(0,1) \tag{3-15}$$

其中，$N_i(0,1)$ 是一个标准正态分布的随机变量，对于每个 i 产生一次，$i = 1, \cdots, m_p$；而 $N_j(0,1)$ 是对于每个 j 产生一次的标准正态分布随机变量，$j = 1, \cdots, n$；$\tau = (2(m_p)^{1/2})^{-1/2}$；$\tau' = 2(m_p)^{-1/2}$。

根据这两个公式，可以得到以下定理。

定理 3.3　设 CEP 对应的随机过程为 $\{\xi_t^{\mathrm{CEP}}\}_{t=0}^{+\infty}$，CEP 采用如式（3-14）和式（3-15）的变异算子，则 CEP 满足

$$1 - \left(1 - m(M_\varepsilon)\left(\frac{1}{\sqrt{2\pi}\mathrm{e}^{b_{\max}}}\right)^n\right)^{m_p}$$

$$\leqslant P\{\xi_t^{\mathrm{CEP}} \in Y_{\mathrm{CEP}}^* | \xi_{t-1}^{\mathrm{CEP}} \notin Y_{\mathrm{CEP}}^*\}$$

$$\leqslant 1 - \left(1 - m(S)\left(\frac{1}{\sqrt{2\pi}}\right)^n\right)^{m_p}, t > 0$$

其中，$m(M_\varepsilon)$ 为子空间 M 的勒贝格测度；m_p 为种群规模；$b_{\max} = \max_{j=1,\cdots,n}\{b_j\}$。

证明　由式（3-15）可知 Gauss 变异对任一个体 x_i 进行操作后，将产生一个随机向量 $\varphi = (N_1(0,1), N_2(0,1), \cdots, N_n(0,1))$，其各个分量 $N_j(0,1)$ 是独立同分布的随机变量，服从标准正态分布，$j = 1, \cdots, n$，其密度函数为

$$p_\varphi(y) = \left(\frac{1}{\sqrt{2\pi}}\right)^n \exp\left(-\sum_{i=1}^n \frac{y_i^2}{2}\right) \tag{3-16}$$

根据定义 3.9,如果 $\exists t$ 使得 $\xi_t^{\mathrm{CEP}} \in Y_{\mathrm{CEP}}^*$,则必有 $\forall \varepsilon > 0$,$\exists (x_i^*, \sigma_i) \in \xi^*$,使得 $x_i' \in M_\varepsilon = \{x \in S | f(x) \geqslant f^* - \varepsilon\}$。根据式 (3-14),$P\{x_i' \in M_\varepsilon\} = P\{\varphi \in M_\varepsilon'\}$,其中 $M_\varepsilon' = \{x | x \in \prod_{j=1}^n [\sigma_i'^{-1}(j)(-2b_j), \sigma_i'^{-1}(j)2b_j]\} \supseteq S = \prod_{j=1}^n [-b_j, b_j]$。因此,$M_\varepsilon' \supseteq M_\varepsilon$,则有 $P\{x_i' \in M_\varepsilon\} = \int_{M_\varepsilon'} p_\varphi(y)\mathrm{d}m \geqslant \int_{M_\varepsilon} p_\varphi(y)\mathrm{d}m$,即

$$P\{x_i' \in M_\varepsilon\} \geqslant m(M_\varepsilon)\left(\frac{1}{\sqrt{2\pi}}\right)^n \exp\left(-\frac{b_{\max}n}{2}\right) = m(M_\varepsilon)\left(\frac{1}{\sqrt{2\pi e^{b_{\max}}}}\right)^n \quad (3\text{-}17)$$

成立,其中 $b_{\max} = \max_{j=1,\cdots,n}\{b_j\}$。根据算法 3-1 第 3 步,

$$P\{x_i' \in M_\varepsilon\} = \int_{M_\varepsilon'} p_\varphi(y)\mathrm{d}m = \int_S p_\varphi(y)\mathrm{d}m \leqslant m(S)\left(\frac{1}{\sqrt{2\pi}}\right)^n \quad (3\text{-}18)$$

因此,$P\{\xi_t^{\mathrm{CEP}} \in Y_{\mathrm{CEP}}^* | \xi_{t-1}^{\mathrm{CEP}} \notin Y_{\mathrm{CEP}}^*\} = 1 - \prod_{i=1}^{m_p}(1 - P\{x_i' \in M_\varepsilon\})(t > 0)$,即

$$1 - \left(1 - m(M_\varepsilon)\left(\frac{1}{\sqrt{2\pi e^{b_{\max}}}}\right)^n\right)^{m_p}$$

$$\leqslant P\{\xi_t^{\mathrm{CEP}} \in Y_{\mathrm{CEP}}^* | \xi_{t-1}^{\mathrm{CEP}} \notin Y_{\mathrm{CEP}}^*\}$$

$$\leqslant 1 - \left(1 - m(S)\left(\frac{1}{\sqrt{2\pi}}\right)^n\right)^{m_p} \quad (3\text{-}19)$$

成立。

证毕

定理 3.3 是较为初步的分析,从式 (3-19) 可知 $m(M_\varepsilon)$ 的大小直接影响 CEP 算法的收敛性,$m(M_\varepsilon)$ 越大越有利于全局收敛,即最优解领域在解空间中越容易被找到。但是,定理 3.3 对 $P\{\xi_t^{\mathrm{CEP}} \in Y_{\mathrm{CEP}}^* | \xi_{t-1}^{\mathrm{CEP}} \notin Y_{\mathrm{CEP}}^*\}$ 下界的确定比较粗糙,考虑 φ 的分量都服从标准正态分布,所以有

$$P\{x_i' \in M_\varepsilon\} \geqslant \int_{M_\varepsilon} p_\varphi(y)\mathrm{d}m \approx m(M_\varepsilon)\left(\frac{1}{\sqrt{2\pi}}\right)^n \quad (3\text{-}20)$$

确定了 $P\{\xi_t^{\mathrm{CEP}} \in Y_{\mathrm{CEP}}^* | \xi_{t-1}^{\mathrm{CEP}} \notin Y_{\mathrm{CEP}}^*\}(t > 0)$ 的下界后,可以利用 3.2.3 节的结论得到关于 CEP 期望收敛时间的估算结果,即推论 3.4。

推论 3.4 设 CEP 对应的随机过程为 $\{\xi_t^{\mathrm{CEP}}\}_{t=0}^{+\infty}$,CEP 采用如式 (3-14) 和式 (3-15) 的变异算子,则

（1）$\lim\limits_{t\to+\infty}\lambda_t = 1(\lambda_t = P\{\xi_t^{\mathrm{CEP}} \in Y_{\mathrm{CEP}}^*\})$。

（2）CEP 的期望收敛时间满足：

$$(1-\lambda_0)\left(1-\left(1-m(S)\left(\frac{1}{\sqrt{2\pi}}\right)^n\right)^{m_p}\right)^{-1} \leqslant E\gamma^{\mathrm{CEP}}$$

$$\leqslant (1-\lambda_0)\left(1-\left(1-m(M_\varepsilon)\left(\frac{1}{\sqrt{2\pi\mathrm{e}^{b_{\max}}}}\right)^n\right)^{m_p}\right)^{-1}$$

证明　（1）根据定理 3.3，可得

$$P\{\xi_t^{\mathrm{CEP}} \in Y_{\mathrm{CEP}}^*|\xi_{t-1}^{\mathrm{CEP}} \notin Y_{\mathrm{CEP}}^*\} \geqslant 1-\left(1-m(M_\varepsilon)\left(\frac{1}{\sqrt{2\pi\mathrm{e}^{b_{\max}}}}\right)^n\right)^{m_p}$$

又因为 $m(M_\varepsilon)\cdot\left(\dfrac{1}{\sqrt{2\pi\mathrm{e}^{b_{\max}}}}\right)^n > 0$，可记 $\mathrm{d}_{t-1} = 1-\left(1-m(M_\varepsilon)\left(\dfrac{1}{\sqrt{2\pi\mathrm{e}^{b_{\max}}}}\right)^n\right)^{m_p}$

> 0，且有 $\lim\limits_{t\to+\infty}\prod\limits_{i=0}^{t}(1-d_i) = 0$。所以，$\lim\limits_{t\to+\infty}\lambda_t \geqslant 1-(1-\lambda_0)\lim\limits_{t\to+\infty}\prod\limits_{i=0}^{t-1}(1-d_i) \geqslant$

$1-(1-\lambda_0)\lim\limits_{t\to+\infty}\prod\limits_{i=0}^{t}(1-\mathrm{d}_i) = 1$。因此，$1 \leqslant \lim\limits_{t\to+\infty}\lambda_t \leqslant 1$ 即 $\lim\limits_{t\to+\infty}\lambda_t = 1$。

（2）因为

$$P\{\xi_t^{\mathrm{CEP}} \in Y_{\mathrm{CEP}}^*|\xi_{t-1}^{\mathrm{CEP}} \notin Y_{\mathrm{CEP}}^*\} \geqslant 1-\left(1-m(M_\varepsilon)\left(\frac{1}{\sqrt{2\pi\mathrm{e}^{b_{\max}}}}\right)^n\right)^{m_p} = \alpha > 0$$

根据推论 3.3，CEP 的期望收敛时间

$$E\gamma^{\mathrm{CEP}} \leqslant (1-\lambda_0)\left(1-\left(1-m(M_\varepsilon)\left(\frac{1}{\sqrt{2\pi\mathrm{e}^{b_{\max}}}}\right)^n\right)^{m_p}\right)^{-1}$$

同理可得

$$E\gamma^{\mathrm{CEP}} \geqslant (1-\lambda_0)\left(1-\left(1-m(S)\left(\frac{1}{\sqrt{2\pi}}\right)^n\right)^{m_p}\right)^{-1}$$

证毕

推论 3.4 说明 CEP 可以全局收敛；不仅如此，$m(M_\varepsilon)$ 越大，则 CEP 算法的时间复杂度越低，即算法更容易求得最优解。考虑 φ 的分量都服从标准正态分

布，所以近似有

$$E\gamma^{\mathrm{CEP}} \leqslant (1-\lambda_0)\left(1-\left(1-\frac{m(M_\varepsilon)}{(\sqrt{2\pi})^n}\right)^{m_p}\right)^{-1}$$

因此，还可以得到另外一个结论：当种群规模 m_p 增大时，期望收敛时间 $E\gamma^{\mathrm{CEP}}$ 可以有更小的上界，又因为 $\left(1-\frac{m(M_\varepsilon)}{(\sqrt{2\pi})^n}\right)^{m_p} \approx 1 - m_p\frac{m(M_\varepsilon)}{(\sqrt{2\pi})^n}$，所以近似有 $E\gamma^{\mathrm{CEP}} \leqslant (1-\lambda_0)\frac{(\sqrt{2\pi})^n}{m_p m(M_\varepsilon)}$，如果 $m(M_\varepsilon) \geqslant C_0 > 0$（$C_0$ 为正常数），则 CEP 的时间复杂度近似于 n 的指数级。

本节以 EP 为例，介绍了基于 Markov 过程的时间复杂度分析方法。本节基于吸收态 Markov 过程模型，以期望收敛时间为研究指标，提出了 EP 时间复杂度分析的一般性理论，并举例分析了 CEP 的期望收敛时间。与基于期望首达时间的时间复杂度分析方法相比，本节的定理所需限制条件更加宽松，在实际应用中也更容易获取该方法所需的数据。

3.3 基于 Markov 过程的蚁群优化算法时间复杂度分析

在介绍了基于 Markov 过程的方法研究经典进化算法时间复杂度后，本节将以一种群体智能算法——蚁群优化算法为例，进行时间复杂度的概率模型分析。本节将介绍蚁群优化算法的基本模型以及 Markov 过程模型，并采取基于 Markov 过程的时间复杂度分析方法进行分析。最后将讨论一些具体的蚁群优化算法案例。

3.3.1 蚁群优化算法简介

蚁群优化算法最早由 Dorigo 等提出，用于求解诸如 TSP 之类的组合优化问题[50-51]。该算法是受自然界蚂蚁觅食过程的启发。自然界蚂蚁在其经过的路径上会留下某种生物信息物质（信息素），该物质会吸引蚁群中的其他成员再次选择该段路径；食物与巢穴之前较短的路径容易积累较多的信息素，使得更多的蚂蚁选择走该段路径，最终几乎所有蚂蚁都集中在最短路径上完成食物的搬运。

基于这样的启发，Dorigo 给出了基本蚁群优化算法的相关定义，其中包括组合优化模型和基本蚁群优化算法的框架[51]。相较于第 1 章给出的蚁群优化算法基本框架，在此我们还给出算子的具体计算公式。

定义 3.13（组合优化模型）一个组合优化模型 (S, Ω, f) 包含三方面内容：离散解空间 S、约束集合 Ω 和目标函数 $f: S \to \mathbb{R}^+$。

在蚁群优化算法框架的第 6 步中，按照以下公式来选择下一个目标节点，直至完成一个可行解的搜索

$$P(s_{i+1} = c_j | T, x_i) = \begin{cases} \dfrac{\tau^\alpha(i,j,t)\eta^\beta(i,j)}{\displaystyle\sum_{c_y \in C \wedge (i,y) \in J(x_i)} \tau^\alpha(i,j,t)\eta^\beta(i,y)}, & \text{若 } (i,j) \in J(x_i) \\ 0, & \text{其他} \end{cases}$$

(3-21)

其中，$\tau^\alpha(i,j,t)$ 代表的是 t 时刻边 (i,j) 的信息素向量，$\eta^\beta(i,j)$ 是边 (i,j) 对应的启发式向量，c_y 为点集 C 中的一点，$J(x_i)$ 表示 s_i 与 s_i 的邻接点构成的边集。

算法 3-2　ACO 算法

输入：组合优化问题
输出：最优解
 1: 随机初始化信息素矩阵 T
 2: $s_{bs} \leftarrow$ NULL（s_{bs} 为当前最优解）
 3: **while** 未满足终止条件 **do**
 4:　　$S_{iter} \leftarrow \varnothing$
 5:　　**for** $j = 1, 2, \cdots, K$ **do**
 6:　　　每只虚拟蚂蚁求解 s
 7:　　　**if** $f(s) \leqslant f(s_{bs})$ 或 $s_{bs} =$ NULL **then**
 8:　　　　$s_{bs} \leftarrow s$
 9:　　　**end if**
10:　　　$S_{iter} \leftarrow S_{iter} \cup \{s\}$
11:　　**end for**
12:　　根据 S_{iter}, s_{bs} 更新信息素矩阵 T
13: **end while**
14: **return** 最优解

在第 12 步中，对信息素向量的更新有全局更新和局部更新两种方式。

（1）全局更新

$$\forall (i,j) \in s_{bs} : \tau_{ij} \leftarrow (1 - \rho)\tau_{ij} + z_1(s_{bs})$$

(3-22)

（2）局部更新

$$\forall (i,j) \in s, s \in S_{iter} : \tau_{ij} \leftarrow (1 - \theta)\tau_{ij} + z_2(s)$$

(3-23)

而对于其他 $\forall (i,j) \notin s$，$s \in S_{iter}$ 且 $(i,j) \notin s_{bs}$，则在 $\tau_{ij} \leftarrow (1 - \rho)\tau_{ij}$ 更新后对所有的边进行调整

$$\forall (i,j) \leftarrow \max\{\tau_{\min}, \tau_{ij}\}$$

(3-24)

在蚁群优化算法中，第 1 步初始化信息素，第 2 步则将当前最优解 s_{bs} 变量变空，求解过程中用于记录当前的最优解；第 4 步将候选解集 S_{iter} 清空，用于记录每次迭代虚拟蚂蚁寻得的解；第 6 步则是求解，第 7、8 步则记录当前求得的最优解，第 10 步把新求得的解纳入 S_{iter}，第 12 步则是对信息素向量进行更新。

3.3.2 蚁群优化算法的 Markov 过程模型

观察蚁群优化算法的框架可以发现，蚁群优化算法的求解过程是蚂蚁根据信息素向量和启发式向量进行随机搜索。启发式向量 η 一般与迭代时间 t 无关，在算法运行中不作更新，而信息素向量 τ 则是在每次迭代中进行更新。第 t 次迭代中的信息素向量状态则是由第 $t-1$ 次迭代中 s_{bs} 和 S_{iter} 所决定的。因此，可以使用基于 Markov 过程的时间复杂度分析方法。下面按照该方法构建 Markov 过程模型。

定义 3.14 称 $\{\xi_t\}_{t=0}^{+\infty}$ 为蚁群优化算法对应的随机过程，其中，$\xi_t = (X(t), T(t))$，$X(t) = \{s_{bs}(t)\} \cup S_{iter}(t)$，$T(t)$ 是第 t 次迭代的信息素。

定义 3.15 Y 是集合 ξ_t 的状态空间 $, t = 0, 1, 2, \cdots$。

定义 3.16 Y^* 是最优状态空间，如果 Y^* 满足对 $\forall \xi^* = \{X^*, T^*\} \in Y^*$，$\exists s^* \in X^*$，使得 $f(s^*) \leqslant f(s)$，其中 s 为 S 的任一元素，$Y^* \subseteq Y$。

定义 3.17 给定一个 Markov 过程 $\{\xi_t\}_{t=0}^{+\infty}(\forall \xi_t \in Y)$ 和最优状态空间 $Y^* \subseteq Y$，若 $\{\xi_t\}_{t=0}^{+\infty}$ 满足 $P\{\xi_{t+1} \notin Y^* | \xi_t \in Y^*\} = 0$，则称 $\{\xi_t\}_{t=0}^{+\infty}$ 为一个吸收态 Markov 过程。

引理 3.7 设蚁群优化算法对应的随机过程为 $\{\xi_t\}_{t=0}^{+\infty}$，若满足 $\xi_t = (X(t), T(t)) \in Y$，则 $\{\xi_t\}_{t=0}^{+\infty}$ 是一个吸收态 Markov 过程。

由于引理 3.7 与基于 Markov 过程的时间复杂度分析方法中的引理 3.4 相似，此处不再赘述。下面将基于这些定义与引理证明蚁群优化算法时间复杂度分析的基本理论。

3.3.3 蚁群优化算法时间复杂度分析的基本理论

用基于 Markov 过程的时间复杂度分析方法可以得到关于蚁群优化算法的定义和理论，如下所示。

定义 3.18 蚁群优化算法对应的 Markov 过程为 $\{\xi_t\}_{t=0}^{+\infty}(\forall \xi_t = (X(t), T(t)) \in Y)$，最优状态空间 $Y^* \subseteq Y$，若 γ 是一个非负整数随机变量，满足当 $t \geqslant \gamma$ 时，$P\{\xi_t \in Y^*\} = 1$，且当 $0 \leqslant t < \gamma$ 时，$P\{\xi_t \in Y^*\} < 1$，则称 γ 为蚁群优化算法的收敛时间，称 γ 的期望 $E\gamma$ 为蚁群优化算法的期望收敛时间。

定义 3.19 给定一个吸收态 Markov 过程为 $\{\xi_t\}_{t=0}^{+\infty}(\forall \xi_t \in Y)$，最优状态空间 $Y^* \subseteq Y$，若 μ 是一个随机变量，满足：当 $t = \mu$ 时，$\xi_t \in Y^*$；当 $0 \leqslant t < \mu$ 时，$\xi_t \notin Y^*$。则称 μ 的数学期望 $E\mu$ 为期望首达时间。

引理 3.8　蚁群优化算法的收敛时间 γ 等于期望首达时间 $E\mu$。

类似于 EP，根据基于 Markov 过程的时间复杂度分析方法可以得知蚁群优化算法的收敛时间等于其期望首达时间，在此我们省略了引理 3.8 的证明。类似地，我们可以得到以下定理。

定理 3.4　给定蚁群优化算法对应的吸收态 Markov 过程为 $\{\xi_t\}_{t=0}^{+\infty}(\forall \xi_t \in Y)$ 和最优状态空间 $Y^* \subseteq Y$，且 $\lim\limits_{t\to+\infty} \lambda_t = 1$，其期望收敛时间为 $E\gamma = \sum\limits_{i=0}^{+\infty}(1-\lambda_i)$。

证明　根据定义 3.18 和定义 3.19，因为 ξ_t 是一个收敛的吸收态 Markov 过程，假设 $E\mu$ 为期望首达时间，对于 $\forall t = 1, 2, \cdots$ 有

$$\lambda_t = P\{\xi_t \in Y^*\} = P\{\mu \leqslant t\}$$

$$\Rightarrow \lambda_t - \lambda_{t-1} = P\{\mu \leqslant t\} - P\{\mu \leqslant t-1\}$$

$$\Rightarrow P\{\mu = t\} = \lambda_t - \lambda_{t-1}$$

则

$$E\mu = 0 \cdot P\{\mu = 0\} + \sum_{t=1}^{+\infty} tP\{\mu = t\}$$

$$= \sum_{t=1}^{+\infty} t(\lambda_t - \lambda_{t-1})$$

$$= \sum_{t=1}^{+\infty} \sum_{i=t}^{+\infty} (\lambda_i - \lambda_{t-1})$$

$$= \sum_{i=0}^{+\infty} \left(\lim_{t\to+\infty} \lambda_t - \lambda_i \right)$$

$$= \sum_{i=0}^{+\infty} (1 - \lambda_i)$$

根据引理 3.8，

$$E\gamma = E\mu = \sum_{i=0}^{+\infty} (1 - \lambda_i)$$

证毕

由该定理可知，蚁群优化算法的期望收敛时间计算表达式如定理 3.4 所示。若其转移概率存在上下界，则可得到算法期望收敛时间的上下界，即如推论 3.5、推论 3.6 所示。

推论 3.5 给定蚁群优化算法对应的吸收态 Markov 过程 $\{\xi_t\}_{t=0}^{+\infty}, (\forall \xi_t = (X(t), T(t)) \in Y)$ 和最优状态空间 $Y^* \subseteq Y$, 若 $\lambda_t = P\{\xi_t \in Y^*\}$ 满足 $\alpha_t \leqslant P\{\xi_t \in Y^* | \xi_{t-1} \notin Y^*\} \leqslant \beta_t$, 则 $\sum_{t=0}^{+\infty} \left((1-\lambda_0) \prod_{i=1}^{t} (1-\beta_i) \right) \leqslant E\gamma \leqslant \sum_{t=0}^{+\infty} \left((1-\lambda_0) \prod_{i=1}^{t} (1-\alpha_i) \right)$。

推论 3.6 给定蚁群优化算法对应的吸收态 Markov 过程 $\{\xi_t\}_{t=0}^{+\infty}, (\forall \xi_t = (X(t), T(t)) \in Y)$ 和最优状态空间 $Y^* \subseteq Y$, 若 $\lambda(t) = P\{\xi_t \in Y^*\}$ 满足 $\alpha \leqslant P\{\xi_t \in Y^* | \xi_{t-1} \notin Y^*\} \leqslant \beta(\alpha, \beta > 0, t = 0, 1, 2, \cdots)$ 且 $\lim_{t \to +\infty} \lambda_t = 1$, 则蚁群优化算法的期望收敛时间 $E\gamma$ 满足 $(1-\lambda_0)\beta^{-1} \leqslant E\gamma \leqslant (1-\lambda_0)\alpha^{-1}$。

推论 3.5 和推论 3.6 的证明过程与推论 3.2、推论 3.3 的证明类似,读者可自行证明,此处不再赘述。事实上,基于 Markov 过程的时间复杂度分析方法还可以推导出基于信息素的时间复杂度分析方法,下面将对此进行介绍。由于基于信息素的时间复杂度分析证明较为复杂,因此我们省略了推论 3.7、推论 3.8、定理 3.5 以及 3.3.4 节中定理 3.7、定理 3.8 的证明,感兴趣的读者可参考文献 [44],里面详细地对这些定理进行了证明。首先是关于信息素的定义。

定义 3.20 如果 $c(i, t) = (\tau^\alpha(a_{i-1}^*, a_i^*, t)) / \left(\sum_{\langle a_{i-1}^*, x \rangle \in J(a_{i-1}^*)} \tau^\alpha(a_{i-1}^*, x, t) \right)$, 则称 $c(i, t)$ 为路径 $\langle a_{i-1}^*, a_i^* \rangle \in s^*$ 的信息素,其中 s^* 为最优解, $J(a_{i-1}^*)$ 为 a_{i-1}^* 的可行领域点集。

根据该定义和推论 3.5 可以直接得到以下推论[44]。

推论 3.7 若 $c(i, t) \geqslant c_{\text{low}} > 0$, $t = 1, 2, \cdots$ 且 $i = 1, \cdots, n$, 则 $E\gamma \leqslant (1-\lambda_0)(1 - (1 - c_{\text{low}}^n(\eta^\beta(a_{i-1}^*, a_i^*) / \eta^\beta(a_{i-1}^*, \max)))^K)^{-1}$。其中, $\eta^\beta(a_{i-1}^*, \max) = \max_{(a_{i-1}^*, x) \in J(a_{i-1}^*)} \{\eta^\beta(a_{i-1}^*, x)\}$, $a_j^* \in s^*(j = 0, 1, \cdots, n), s^*$ 为唯一全局最优解。

推论 3.8 若 $c(i, t) \geqslant (\eta^\beta(a_{i-1}^*, \max) / \eta^\beta(a_{i-1}^*, a_i^*))(1 - (1 - P(n)^{-1})^{1/K})^{1/n}$, $t = 1, 2, \cdots$ 且 $i = 1, \cdots, n$, 则 $E\gamma \leqslant P(n)$。其中, $\eta^\beta(a_{i-1}^*, \max) = \max_{(a_{i-1}^*, x) \in J(a_{i-1}^*)} \{\eta^\beta(a_{i-1}^*, x)\}$, $a_i^* \in s^*(a_0^* = \text{Null})$, s^* 为唯一全局最优解, $P(n)$ 是 n 阶多项式。

这两条推论利用了信息素来估算时间复杂度。与推论 3.5、推论 3.6 中的 $P\{\xi_t \in Y^* | \xi_{t-1} \notin Y^*\}$ 相比,信息素的数据更加容易获取。然而,即使如此, $c(i, t)$ 和 $q(i, t, s^*)$ 仍不能每次都被很容易地预测。因此需对这两条推论进行一定的放松,使得结论更加实用。在此之前先给出以下定义。

定义 3.21 称 $w(c_{\text{low}}, t_0)$ 为 $E\gamma$ 的下界, $w(c_{\text{low}}, t_0) = (1-\lambda_0)(1 - (1 - c_{\text{low}}^n(\eta^\beta(a_{i-1}^*, a_i^*) / \eta^\beta(a_{i-1}^*, \max)))^K)^{-1}$, 其中 $t > t_0$ 时, $c(i, t) \geqslant c_{\text{low}} > 0$; $t \leqslant t_0$ 时, $c(i, t) < c_{\text{low}}$。

根据该定义以及推论 3.5 可知,当 $t > t_0$, $c(i, t - t_0) \geqslant c_{\text{low}} > 0$ 时, $E\gamma \leqslant t_0 + w(c_{\text{low}}, t_0)$。再由推论 3.6 和定义 3.14 可知, $E\gamma$ 和 ξ_0 无关;由 $w(c_{\text{low}}, t_0)$

的表达式可知，$w(c_{\text{low}}, t_0)$ 和 ξ_0 无关；由此可以得到以下定理。

定理 3.5　给定唯一全局最优解 s^*，则 $E\gamma \leqslant E[t_0|\xi_0] + w(c_{\text{low}}, t_0)$，其中 $t > t_0$ 时 $c(i, t) \geqslant c_{\text{low}} > 0$；$t \leqslant t_0$ 时 $c(i, t) < c_{\text{low}}$。

根据该定理，可以得到分析方法的流程，如下所示：

（1）计算下界 c_{low}；

（2）估计 $E[t_0|\xi_0]$；

（3）计算 $w(c_{\text{low}}, t_0)$；

（4）计算 $E\gamma$。

下面将讨论两种蚁群优化算法——蚁群系统（ant colony system，ACS）算法和蚁群算法（ant system，AS），以便更好地了解这些蚁群优化算法时间复杂度的基本理论。

3.3.4　案例分析

下面探究 ACS 算法与 AS 算法的时间复杂度案例，以展示群体智能算法时间复杂度分析方法的应用。

1. ACS 算法应用案例

ACS 算法是由 Dorigo 等提出[52]，该算法符合基本蚁群优化算法框架，主要特征在于三个方面。

（1）采用模拟退火式选择，即以 $1 - q_0$ 的概率按式（3-21）选择邻接点，以 q_0 的概率选择 $\tau^\alpha(t)\eta^\beta$ 值最大的邻接点，q_0 一般取 0.9。

（2）采用的全局更新策略如式（3-22）所示，局部更新策略如式（3-23）所示。

（3）不采用式（3-24）且不对所有的边进行 $\tau \leftarrow (1 - \rho)\tau$ 更新。

根据推论 3.5 和推论 3.6 对 ACS 算法的收敛速率进行分析，得到定理 3.6[45]如下。

定理 3.6　ACS 算法的期望收敛时间 $E\gamma^{\text{ACS}}$ 满足 $\dfrac{1}{1 - (1 - (p_{\max})^n)^K} \leqslant$ $E\gamma^{\text{ACS}} \leqslant \dfrac{1}{1 - (1 - (p_{\min})^n)^K}$，其中，$0 \leqslant p_{\min} \leqslant p_{\max} \leqslant 1$，$p_{\min}, p_{\max}$ 分别表示第 k 只蚂蚁找到边 $\forall(i^*, j^*) \in s^*$ 的概率的最小值和最大值。

证明　假设 S^* 为 ACS 算法求解问题的全局最优解，记第 t 次迭代中第 k 只蚂蚁选择边 $\forall(i^*, j^*) \in s^*$ 的概率为 $q^k(t, i^*, j^*)$。根据 ACS 的特征之一——以 $1 - q_0$ 的概率按式 (3-21) 选择邻接点，以 q_0 的概率选择 $\tau^\alpha(t)\eta^\beta$ 值最大的邻接点，$q^k(t, i^*, j^*)$ 满足：

$$p_{\min} \leqslant q^k(t, i^*, j^*) \leqslant p_{\max} \tag{3-25}$$

其中，p_{min} 和 p_{max} 为选择 $\forall (i^*, j^*) \in s^*$ 的概率下界和上界。再根据式 (3-21) 可得

$$\frac{(1-q_0)\tau_{min}^{\alpha}\eta_{min}^{\beta}}{(n-1)\tau_{max}^{\alpha}\eta_{max}^{\beta} + \tau_{min}^{\alpha}\eta_{min}^{\beta}} = p_{min} \leqslant p_{max} = q_0 + \frac{(1-q_0)\tau_{max}^{\alpha}\eta_{max}^{\beta}}{(n-1)\tau_{min}^{\alpha}\eta_{min}^{\beta} + \tau_{max}^{\alpha}\eta_{max}^{\beta}}$$

$$(3\text{-}26)$$

根据文献 [53] 关于信息素上下界的结论，$0 < \tau_{min}^{\alpha} \leqslant \tau_{max}^{\alpha} < +\infty$。根据 ACS 算法的特性，$\eta_{min}$ 和 η_{max} 分别是最长和最短边的边长倒数，所以 $0 < \eta_{min}^{\alpha} \leqslant \eta_{max}^{\alpha} < +\infty$。

因为 ACS 算法把当前最优解 s_{bs} 保存，用于全局更新，所以一旦 ACS 算法找到全局最优解，将永远保留在 s_{bs} 中。因此，ACS 算法的状态 $\{\xi_t^{ACS}\}_{t=0}^{+\infty}$ 是一个吸收态 Markov 过程。假设 ACS 算法采用了 K 只虚拟蚂蚁，则

$$P\{\xi_t^{ACS} \in Y^* | \xi_{t-1}^{ACS} \notin Y^*\} = 1 - \prod_{k=1}^{K}(1 - (q^k(t, i^*, j^*))^n)(\forall t = 0, 1, 2, \cdots)$$

由式 (3-25) 和式 (3-26)，

$$1 - (1 - (p_{min})^n)^K \leqslant P\{\xi_t^{ACS} \in Y^* | \xi_{t-1}^{ACS} \notin Y^*\} \leqslant 1 - (1 - (p_{max})^n)^K \quad (3\text{-}27)$$

取 $\alpha = 1 - (1-(p_{min})^n)^K$ 和 $\beta = 1 - (1-(p_{max})^n)^K$，因为 ACS 算法收敛[53]，即 $\lim\limits_{t \to +\infty} \lambda^{ACS}(t) = \lim\limits_{t \to +\infty} P\{\xi_t^{ACS} \in Y^*\} = 1$，由推论 3.6 可得，$(1-\lambda_0)\beta^{-1} \leqslant E\gamma^{ACS} \leqslant (1-\lambda_0)\alpha^{-1}$。

因为在初始化过程中，$X(t) = s_{bs}(t) \cup S_{iter}(t) = \varnothing$，所以，$\lambda_0 = 0$。因此，$E\gamma^{ACS} \leqslant \dfrac{1}{1 - (1-(p_{min})^n)^K}$，同理可得 $\dfrac{1}{1 - (1-(p_{max})^n)^K} \leqslant E\gamma^{ACS}$。

证毕

定理 3.6 给出了对 ACS 算法的收敛速率的一般性分析，由此可以得到以下推论。

推论 3.9 若 ACS 算法的期望收敛时间 $E\gamma$ 至多为多项式时间 $P(n)$ 的函数，则必有：

（1）当 $1 - q_0 - g_1 > 0$ 时，$\tau_{min}^{\alpha} \geqslant A$；

（2）当 $1 - q_0 - g_1 < 0$ 时，$\tau_{min}^{\alpha} \leqslant A$，其中 K 为蚂蚁数目，n 为 TSP 的城市数目，$g_1 = (1 - (1-P(n)^{-1})^{1/K})^{1/\alpha}$，$A = g_1(n-1)\tau_{max}^{\alpha}\eta_{max}^{\beta}\eta_{min}^{-\beta}(1 - q_0 - g_1)^{-1}$。

该推论表明：若（1）或（2）不成立，则意味着 ACS 算法不可能在多项式时间 $P(n)$ 内求解该 TSP。此外，参数 α，β，η_{max}^{β}，$\eta_{min}^{-\beta}$ 和 q_0 是可知的，τ_{max}^{α}，τ_{min}^{α} 则分别由问题的最优解和最差解决定[53]。因此，利用该推论可以快速地判断某个 TSP 是否不能被 ACS 算法在多项式时间 $P(n)$ 内求解。

2. AS 算法应用案例

蚁群算法（AS）是一种简明的蚁群优化算法。与基本的蚁群优化算法框架相比，该算法用式 (3-28) 代替了式 (3-21)

$$P(s_{i+1} = c_j | T, x_i) = \begin{cases} \dfrac{\tau(x_i, x_j, t)}{\sum\limits_{c_y \in C \wedge \langle x_i, y \rangle \in J(x_i)} \tau(i, j, t)}, & \text{若 } \langle x_i, x_j \rangle \in J(x_i) \\ 0, & \text{其他} \end{cases} \quad (3\text{-}28)$$

并在算法 3-2 的第 10 步采取另外一种更新方式

$$\forall \langle i, j \rangle \in s, \ s \in S_{iter}$$

$$\tau(x, y, t+1) \leftarrow \tau(x, y, t) + \Delta\tau(x, y, t) \quad (3\text{-}29)$$

AS 算法有以下四种情况。

（1）AS-1 算法：$K = 1$ 且 $\Delta\tau(x, y)$ 为常数。

（2）AS-2 算法：$K > 1$ 且 $\Delta\tau(x, y)$ 为常数。

（3）AS-3 算法：$K = 1$ 且 $\Delta\tau(x, y)$ 不是常数。

（4）AS-4 算法：$K > 1$ 且 $\Delta\tau(x, y)$ 不是常数。

下面将对这四种情况进行逐一讨论。

1）AS-1 算法

针对 AS-1 算法，有以下定理[44]。

定理 3.7　若 AS-1 的随机过程模型为 $\{\xi_t^{\text{AS-1}}\}_{t=0}^{+\infty}$，则 $E\{c(i, t+1) | \xi_t^{\text{AS-1}}\} = c(i, t), i = 1, \cdots, n; t = 0, 1, 2, \cdots$。

关于定理的证明，只需将左式按照定义展开并化简即可得到右式。根据这个定理，可以推出

$$E\{c(i, t+1) - c(i, t) | \xi_t^{\text{AS-1}}\} = E\{c(i, t+1) | \xi_t^{\text{AS-1}}\} - c(i, t) = 0$$

又根据算法框架的第 1 步可知，$\tau(i, j, 0) = \tau_0, c(i, 0) = n^{-1}$，因此若 $c_{\text{low}} > c(i, 0) = n^{-1}$，则 $E[t_0 | \xi_0] = +\infty$。由于 $K = 1$，再根据推论 3.7 可得 $E\gamma^{\text{AS-1}} \approx (1 - \lambda_0) \cdot n^n$。而 $\lambda_0 = 0$，所以，AS-1 算法的时间复杂度为 $O(n^n)$。

2）AS-2 算法

与 AS-1 算法相似，设 $K = k_0 > 1$，可以得到

$$E\{c(i, t+1) - c(i, t) | \xi_t^{\text{AS-2}}\} = k \cdot E\{c(i, t+1) | \xi_t^{\text{AS-2}}\} - c(i, t) = 0$$

因此，AS-2 算法的时间复杂度也为 $O(n^n)$。

3）AS-3 算法

由于 $\Delta\tau(x, y)$ 不是常数，因此该算法有以下定理[44]。

定理 3.8 若 AS-3 算法的随机过程模型为 $\{\xi_t^{\text{AS-3}}\}_{t=0}^{+\infty}$，则

$$E\{c(i,t+1)|\xi_t^{\text{AS-3}}\} = [1 + \theta(i,t)]c(i,t) \tag{3-30}$$

其中，$i = 1, \cdots, n, t = 1, 2, \cdots, \theta(i,t) = h/g, g = \sum\limits_{\langle a_{i-1},y \rangle \in J(a_{i-1}) - \{\langle a_{i-1}, a_i \rangle\}} ((\tau(a_{i-1},$

$y,t) \cdot [\Delta\tau(a_{i-1}, a_i, t) - \Delta\tau(a_{i-1}, y, t)])/l), g = \Delta\tau(a_{i-1}, a_i, t) + \sum\limits_{\langle a_{i-1},x \rangle \in J(a_{i-1})} \tau(a_{i-1},$

$y,t), l = \Delta\tau(a_{i-1}, y, t) + \sum\limits_{\langle a_{i-1},x \rangle \in J(a_{i-1})} \tau(a_{i-1}, y, t)$。

因此，根据定义，可以得到

$$E\{c(i,t)|\xi_0^{\text{AS-3}}, \xi_1^{\text{AS-3}}, \cdots, \xi_{t-1}^{\text{AS-3}}\} \geqslant (1+\theta)^t c(i,0) \geqslant \frac{(1+\theta)^t}{n} \tag{3-31}$$

所以 $t \leqslant \log_{(1+\theta)}(n \cdot E\{c(i,t)|\xi_0^{\text{AS-3}}, \xi_1^{\text{AS-3}}, \cdots, \xi_{t-1}^{\text{AS-3}}\})$，即 $E[t_0|\xi_0^{\text{AS-3}}] \leqslant \log_{(1+\theta)}(n \cdot c_{\text{low}})$。另外，$w(c_{\text{low}}^n) = (1 - \lambda_0)[c_{\text{low}}^n]^{-1} = c_{\text{low}}^{-n}$。所以，根据定理 3.5，可得

$$E\gamma^{\text{AS-3}} \leqslant \log_{(1+\theta)}(n \cdot c_{\text{low}}) + c_{\text{low}}^{-n} \tag{3-32}$$

4）AS-4 算法

与 AS-3 算法类似，设 $K = k_0 > 1$，可以得到

$$E\{c(i,t+1) - c(i,t)|\xi_t^{\text{AS-4}}\} =$$

$$k \cdot E\{c(i,t+1) - c(i,t)|\xi_t^{\text{AS-4}}\} \geqslant k_0 \cdot \theta \cdot c(i,t) \tag{3-33}$$

所以

$$E\{c(i,t)|\xi_0^{\text{AS-4}}, \xi_1^{\text{AS-4}}, \cdots, \xi_{t-1}^{\text{AS-4}}\} =$$

$$E\{c(i,t)|\xi_{t-1}^{\text{AS-4}}\} \geqslant (1 - k_0\theta)^t c(i,t-1) \geqslant \frac{(1 - k_0\theta)^t}{n} \tag{3-34}$$

所以 $t \leqslant \log_{(1+k_0\theta)}(n \cdot E\{c(i,t)|\xi_0^{\text{AS-4}}, \xi_1^{\text{AS-4}}, \cdots, \xi_{t-1}^{\text{AS-4}}\})$，即 $E[t_0|\xi_0^{\text{AS-4}}] \leqslant \log_{(1+k_0\theta)}(n \cdot c_{\text{low}})$。另外，$w(c_{\text{low}}^n) = (1 - \lambda_0)(c_{\text{low}}^n)^{-1} = c_{\text{low}}^{-n}$。所以，根据定理 3.5，可得

$$E\gamma^{\text{AS-4}} \leqslant \log_{(1+k_0\theta)}(n \cdot c_{\text{low}}) + (1 - (1 - c_{\text{low}}^{-n})^{k_0})^{-1} \tag{3-35}$$

至此，本节已经完成 AS 算法四种情况的分析。总的来说，AS-1 算法和 AS-2 算法的信息素更新为常数，性能方面比 AS-3 算法和 AS-4 算法会差一点。而 AS-3 算法、AS-4 算法的收敛时间会因 c_{low} 和 θ 的增大而变短。本节通过蚁群优化算法的分析测试了算法的收敛时间，并分析了算法收敛性不同的原因。

本节以蚁群优化算法为例，介绍了群体智能算法时间复杂度的概率模型分析，提出了蚁群优化算法的吸收态 Markov 过程模型与时间复杂度分析理论，介绍了 ACS 算法与 AS 算法时间复杂度分析的案例。不同于前两节研究经典进化算法的时间复杂度，本节通过基于 Markov 过程的方法研究了群体智能算法，以此表明基于 Markov 过程的方法在群体智能算法研究上的可行性。

3.4　本 章 小 结

基于 Markov 过程的方法在很多进化算法时间复杂度分析中都能够使用，且有着丰富的随机过程理论背景，因此其准确程度有一定的保证。无论是面对经典进化算法还是群体智能算法，基于 Markov 过程的方法都能对其时间复杂度进行较好的估算与分析。然而，该方法因为涉及丰富的随机过程理论背景，所以在使用时需要有较好的数学基础。另外，该理论的部分数据有时也难以获得，因此该方法仍有改进的空间。

第 4 章　分层估计理论与方法

本章首先简要介绍分层估计方法[11,23,54]，然后给出分层估计定理及其证明，接着采用分层估计方法分析几个典型实例的期望运行时间，最后对本章进行小结。

4.1　分层估计的定义与定理

分层估计方法[11,23,54] 是一种简单且有用的估计期望运行时间界的方法，已经得到发展并成功运用于进化算法的运行时间分析。对于给定的优化问题，我们感兴趣的是算法找到最优解的平均迭代次数。该方法在进化算法的理论分析中得到成功运用，其所依据的原理是种群中最好个体的适应度一定不会变差。因此，可通过估计最好个体的适应度变好的期望运行时间界来获得优化时间。概括来说，分层估计将搜索空间 $S = \{0,1\}^n$ 划分成一组不相交的子集 $L_0, L_1, \cdots, L_k \subseteq \{0,1\}^n$，且满足适应度函数值随着 L 索引的增加而增加，即对任意的 $x \in L_i$ 和 $y \in L_j$，当 $i < j$ 时，都有 $f(x) < f(y)$ 成立。假设 f 的最优解属于 L_k，令 s_i 表示进化算法 $\mathcal{A}$ 在一次迭代中从 L_i 内任意解生成一个在 L_j 内解的最小概率，其中 j 满足 $j > i$，则进化算法 $\mathcal{A}$ 从任意初始种群开始找到函数 f 的一个最优解的期望运行时间的上界为 $\sum_{i=0}^{k-1} 1/s_i$。

基于适应度划分的方法已经被广泛应用于多种问题中。假设我们考虑一种随机搜索算法，该算法在每次迭代中使用一个解产生一个子代。(1+1) EA 算法的变种都满足这种情形。假设我们在搜索空间 S 中进行搜索，且不失一般性地考虑寻找使得函数 $f : S \to \mathbb{R}$ 达到最大值的解。S 被分层为一系列不相交的集合 $L_1, \cdots, L_m$，这些集合满足 $L_1 <_f L_2 < \cdots <_f L_m$，其中 $L_i <_f L_j$ 意味着对于所有 $a \in L_i$ 和 $b \in L_j$，有 $f(a) < f(b)$。也就是说，层数更低的解其适应度也更低。另外，L_m 只包含最优的搜索点。如图 4-1 所示，解 x 位于 L_i 分层，高于 L_i 分层的解的适应度均大于解 x 的适应度，低于 L_i 分层的解的适应度均小于 x 的适应度。

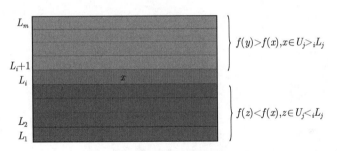

图 4-1　适应度分层的图示

4.1.1　适应度分层的定义

定义 4.1　记 $f:\{0,1\}^n \to \mathbb{R}$ 是一个适应度函数，$k \in \mathbb{N}$。若集合 $L_0, L_1, \cdots,$ $L_k \subseteq \{0,1\}^n$ 满足以下条件，则称它们是一个基于 f 的划分。

（1）$L_0, L_1, \cdots, L_k$ 构成搜索空间 $\{0,1\}^n$ 的一个划分。

$$\forall i \neq j \in \{0, 1, \cdots, k\}: L_i \cap L_j = \varnothing \text{ 且} \bigcup_{i=0}^{k} L_i = \{0,1\}^n$$

（2）适应度函数值随着索引的增加而增加。

$$\forall i, j \in \{0, 1, \cdots, k\}: \forall x \in L_i: \forall y \in L_j: (i < j) \Rightarrow f(x) < f(y)$$

（3）L_k 是所有全局最大值所对应的解构成的集合。

$$L_k = \{x \in \{0,1\}^n | f(x) = \max\{f(x')|x' \in \{0,1\}^n\}\}$$

集合 $L_0, L_1, \cdots, L_k$ 被称为适应度分层。对于每一个 $i \in \{0, 1, \cdots, k-1\}$ 和某个 $p_m \in (0,1)$，称

$$s_i = \min_{x \in L_i} \left\{ \sum_{j=i+1}^{k} \sum_{y \in L_j} p_m^{H(x,y)} \cdot (1 - p_m)^{n-H(x,y)} \right\} \tag{4-1}$$

为改进概率，其中 $H(x,y)$ 表示 x 到 y 的汉明距离。

乍看起来，改进概率 s_i 非常复杂。然而，如果从里向外阅读该公式，则会发现其含义不难理解。对于任意两个位串 x, y，注意到 $p_m^{H(x,y)} \cdot (1-p_m)^{n-H(x,y)}$ 等于使用变异概率为 p_m 的标准位变异而将 x 变异到 y 的概率。当考虑某个 $x \in L_i$ 并将所有 $y \in L_j$ 的概率相加时，我们得到了将 x 变异为 L_j 中的任何位串的概率。如果把所有 $L_j(j > i)$ 的概率加起来，我们就得到了在单个变异中保留 x，并

在 L_i 之上的某个适应度分层中达到某个点的概率。根据基于 f 划分的定义，这意味着 f 的值会增加。以上的计算均是精确的而非近似的，然而，在考虑求解关于 f 的 (1+1)EA 算法及其基于 f 划分时，我们将跟踪当前 x_t 所属的适应度分层，显然，知道当前的适应度分层并不意味着我们确切地知道当前的 x_t。通过求 L_i 中所有 x 的最小改进概率可以在一定程度上解决这个困难。因此，如果 $x_t \in L_i$ 对当前的 x_t 有效，则 s_i 是下一个后代属于更好的适应度分层的概率的下界。利用改进概率的下界，很容易得到期望运行时间的上界。

4.1.2 分层估计定理的证明

介绍完划分的定义，下面正式给出分层估计定理。

定理 4.1 记 $f:\{0,1\}^n \to \mathbb{R}$ 是一个适应度函数，$L_0, L_1, \cdots, L_k (k \in \mathbb{N})$ 是一个基于 f 的划分，$s_0, s_1, \cdots, s_{k-1}$ 表示相应的改进概率，则有 $E\left(T_{(1+1)\mathrm{EA},f}\right) \leqslant \sum_{i=0}^{k-1} 1/s_i$。

证明 对某个 $i \in \{0, 1, \cdots, k-1\}$，假设 $x_t \in L_i$。到达 L_i 的时间，也就是说，直到 x_t 被 $x_{t'} \in L_j$ 替换之前，其中 $j > i$，$t' > t$，都是随机地被伯努利试验次数支配的。这些伯努利试验以改进概率 s_i 获得一次成功。这是由于 s_i 是将所有 $x \in L_i$ 变异为 $y \in \bigcup_{j=i+1}^k L_j$ 的概率的下界。因此，离开 L_i 的期望等待时间以 $1/s_i$ 为上界。显然，在 L_k 到达之前，每个适应度分层最多只剩下 L_i。此外，根据 L_k 的定义，一旦到达 L_k，f 的全局最优值就达到了。因此，我们可以通过对所有 $i \in \{0, 1, \cdots, k-1\}$ 期望等待时间 $1/s_i$ 的上界求和来得到 $E\left(T_{(1+1)\mathrm{EA},f}\right)$ 的上界。

证毕

虽然基于 f 划分的思想及其期望等待时间的证明都非常简单，但是在很多情况下却能产生良好的上界。(1+1)EA 算法至少存在三个明显原因，使得它实际可能要比这个简单上界要快得多。首先，很可能很多适应度分层从未被访问到，因为适应度远远低于预期的初始适应度 $E(f(x_0))$。其次，没有遇到很多适应度分层可能是从当前层 L_i 变异到 $L_j (j \gg i)$。最后，我们对 s_i 的估计可能偏低了。虽然 L_i 中至少有一个 x，其变异到某个 $y \in \bigcup_{j=i+1}^k L_j$ 改进概率为 s_i，但是对于其他的 $x' \in L_i$，这个概率可能要大得多。但即使这个上界未将这些原因纳入考虑范围，该上界仍然是良好的。然而，在第一次使用这种方法时，除了上述三点，该方法还有另一个存在不准确性的地方：我们并不精确地计算改进概率 s_i，而是近似地取它的一个下界。

4.2　分层估计分析实例

考虑 $(\mu + \lambda)$EA 算法（算法 4-1）和 (1+1)EA 算法（算法 4-2），本节将结合一些具体实例，介绍如何使用分层估计方法。这些实例节选自文献 [54]。

算法 4-1　　$(\mu + \lambda)$EA 算法

输入: 种群大小 μ，每一代变异个体数 λ，适应度函数 $f : \{0,1\}^n \to \mathbb{R}$

输出: 最优个体

1: **初始化:** 随机均匀地选择 $x_1, x_2, \cdots, x_\mu \in \{0,1\}^n$，将 $x_1, x_2, \cdots, x_\mu$ 放入种群 P_0

2: $t = 0$

3: **for** $i = 1$ 到 λ **do**

4:　　**配对选择:** 随机均匀地选择 $y \in P_t$

5:　　**变异:** 以概率 $p_m = 1/n$ 对个体 y 执行标准位变异，产生新个体 y_i

6: **end for**

7: **选择替换:** 根据适应度将 $x_1, x_2, \cdots, x_\mu \in P_t$ 和 $y_1, y_2, \cdots, y_\lambda$ 降序排列，把前 μ 个个体加入新种群 P_{t+1}

8: $t = t + 1$，跳转到第 3 行

9: **return** P_t 中的最优个体

算法 4-2　　(1+1)EA 算法

输入: 适应度函数 $f : \{0,1\}^n \to \mathbb{R}$

输出: 最优个体

1: **初始化:** 随机均匀地选择 $x_0 \in \{0,1\}^n$

2: $t = 0$

3: **变异:** 以概率 $p_m = 1/n$ 对个体 x_t 执行标准位变异，产生新个体 y

4: **选择替换:** 若 $f(y) \geqslant f(x_t)$，则 $x_{t+1} = y$；否则，$x_{t+1} = x_t$

5: $t = t + 1$，跳转到第 3 行

6: **return** x_t

4.2.1　对 ONEMAX 问题的分析

我们将 $E\left(T_{(1+1)\text{EA,ONEMAX}}\right)$ 作为第一个例子。适应度函数 ONEMAX: $\{0, 1\}^n \to \mathbb{R}$ 定义为 $\text{ONEMAX}(x) = \sum\limits_{i=1}^{n} x_i$。

定理 4.2　　$E\left(T_{(1+1)\text{EA,ONEMAX}}\right) = O\left(n \log n\right)$

证明　　采用定理 4.1 中基于 f 划分的方法进行证明，此时需要定义适应度分层。以最平凡的方式定义适应度分层，$L_i = \{x \in \{0,1\}^n | \text{ONEMAX}(x) = i\}$。这为每个函数值定义了一个单独的适应度分层。要精确计算这些适应度分层的改进

概率 s_i 是相当困难的。我们决定用一个简单的下界来代替。考虑某个 $x \in L_i$，其中 $i \in \{0, 1, \cdots, n-1\}$。由于 $\mathrm{ONEMAX}(x) = i$，我们知道 x 确切包含 $n - i$ 个 0-位。如果这些 0-位中恰好有一位发生了变异，而其他所有的 0-位都没有变化，则变异会增加函数值，从而导致算法离开 L_i。我们可以很容易地计算出发生该变异的概率，可以看到

$$s_i \geqslant \binom{n-i}{1} \cdot \frac{1}{n} \cdot \left(1 - \frac{1}{n}\right) \geqslant \frac{n-i}{\mathrm{e}n} \tag{4-2}$$

成立。这将得出

$$
\begin{aligned}
E\left(T_{(1+1)\mathrm{EA},\mathrm{ONEMAX}}\right) &\leqslant \sum_{i=0}^{n-1} \frac{\mathrm{e}n}{n-i} \\
&= \mathrm{e}n \sum_{i=1}^{n} \frac{1}{i} \leqslant \mathrm{e}n\left(\ln(n) + 1\right) = O\left(n \log n\right)
\end{aligned}
\tag{4-3}
$$

证毕

尽管上界 $O\left(n \log n\right)$ 不大，但是我们也不知道它是否紧致。我们无法证明一个 $O(n)$ 级的上界，这可能会让人失望，因为它显然足以将每个位翻转一次以确定其正确的值。然而，(1+1)EA 算法并没有根据 ONEMAX 函数的结构进行任何针对性的设计。此外，我们还不知道 $O\left(n \log n\right)$ 是否渐近地紧致，从而真正准确地反映实际的期望运行时间，但我们确实可以知道这个上界不会偏差太远。

在定理 4.2 的证明中使用的非常简单的适应度分层定义不仅对 ONEMAX 很有用，而且在许多其他情况下也很有用。我们将一个有着以下性质的基于 f 的划分 $L_0, L_1, \cdots, L_k$ 称为平凡的：$\forall i \in \{0, 1, \cdots, k\} : |\{f(x)|x \in L_i\}| = 1$。

4.2.2 对 BINVAL 问题的分析

我们将 $E\left(T_{(1+1)\mathrm{EA},\mathrm{BINVAL}}\right)$ 作为第二个例子。

定义 4.2 适应度函数 $\mathrm{BINVAL}: \{0,1\}^n \to \{0, 1, \cdots, 2^n - 1\}$ 定义为 $\mathrm{BINVAL}(x) = \sum_{i=1}^{n} 2^{n-i} x_i$，其中，$x = \{x_1, x_2, \cdots, x_n\}$。

注意到函数值 $\mathrm{BINVAL}(x) = \sum_{i=1}^{n} 2^{n-i} x_i$ 等于标准二进制编码中 x 表示的非负整数。因此，对于 $x \neq x'$，有 $\mathrm{BINVAL}(x) \neq \mathrm{BINVAL}(x')$，且 $|\mathrm{BINVAL}(x)|x \in \{0,1\}^n| = 2^n$。

使用平凡适应度分层 $L_i = \{x \in \{0,1\}^n | \mathrm{BINVAL}(x) = i\}$ 不是一个好主意。我们甚至不需要考虑任何 i 的改进概率 s_i，即可意识到只有当期望运行时间的

上界 $\geqslant 2^n - 1$ 才可以用这种分层方式进行证明。显然，我们有 $s_i \leqslant 1$，因此 $\sum_{i=0}^{k-1} 1/s_i \geqslant k$。对于 BINVAL 的平凡适应度分层，有 $k = 2^n - 1$，因为有 2^n 个不同的函数值。注意，对于基于 f 划分的方法，适应度分层的数量不能太大。利用一个更加巧妙的适应度分层定义，我们可以证明 BINVAL 的一个合理的上界。

定理 4.3　$E\left(T_{(1+1)\text{EA,BINVAL}}\right) = O\left(n^2\right)$。

证明　采用定理 4.1 中基于 f 划分的方法，对 $i \in \{0, 1, \cdots, n\}$，定义适应度分层为

$$L_i = \left\{ x \in \{0,1\}^n \setminus \left(\bigcup_{j=0}^{i-1} L_j \right) \middle| \text{BINVAL}(x) < \sum_{j=0}^{i} 2^{n-1-j} \right\} \tag{4-4}$$

我们需要确保这确实是一个基于 BINVAL 的划分。在标准二进制编码中，数字 $\sum_{j=0}^{i} 2^{n-1-j}$ 表示为 $1^{i+1}0^{n-i-1}$（我们使用这样的表示法来表示由前面 $i+1$ 个 1 和后面 $n-i-1$ 个 0 组成的二进制编码）。因此，对于所有 $i \in \{0, 1, \cdots, n-1\}$，$L_i$ 包含所有位串，其中，i 的最左位设置为 1，下一位设置为 0。因此，L_0 包含所有以 0 开头的位串。对于所有 $x \in L_0$，有 $\text{BINVAL}(x) < 2^{n-1}$。对于 $i \in \{1, 2, \cdots, n\}$，有 $\sum_{j=0}^{i-1} 2^{n-1-j} \leqslant \text{BINVAL}(x) < \sum_{j=0}^{i} 2^{n-1-j}$。特别地，$L_n = \{1^n\}$，并且可以看到 L_i 实际上是一个基于 BINVAL 的划分。

类似于定理 4.2 的证明，我们不精确地计算改进概率 s_i，而只是证明 s_i 的一个下界。如果最左边的 0-位 (x_{i+1}) 发生了变化，而所有其他位不变，则某个 $x \in L_i$ 将跳转到某个 $y \in L_j$，其中 $j > i$。该变异概率为 $(1/n) \cdot (1 - 1/n)^{n-1}$。因此，对于所有 $i \in \{0, 1, \cdots, n-1\}$，我们有

$$s_i \geqslant \frac{1}{n} \cdot \left(1 - \frac{1}{n}\right)^{n-1} \geqslant \frac{1}{en} \tag{4-5}$$

因此，

$$E\left(T_{(1+1)\text{EA,BINVAL}}\right) \leqslant \sum_{i=0}^{n-1} en = en^2 = O\left(n^2\right) \tag{4-6}$$

得证。

　　　　　　　　　　　　　　　　　　　　　　　　　　　　　　　　　证毕

4.2.3 对 NEEDLE 问题的分析

第三个例子是 $E\left(T_{(1+1)\text{EA,NEEDLE}}\right)$。这个例子说明了基于 f 划分的方法是有局限性的。

定义 4.3 适应度函数 NEEDLE: $\{0,1\}^n \to \{0,1\}$ 定义为 NEEDLE$(x) = \prod_{i=1}^{n} x_i$。

定理 4.4 $E\left(T_{(1+1)\text{EA,NEEDLE}}\right) \leqslant n^n$。

证明 由于该函数仅产生两个不同的函数值,即 $\{\text{NEEDLE}(x)|x \in \{0,1\}^n\} = \{0,1\}$,因此只有一种方法定义基于 NEEDLE 的划分。所以,我们定义 $L_1 = \{1^n\}$,$L_0 = \{0,1\}^n \setminus L_1$。$x$ 变异为 y 的概率随 x 与 y 的汉明距离的增加而减小。当 $H(x,y) = n$ 时,该概率取最小值。由于 $0^n \in L_0$,$L_1 = \{1^n\}$ 且 $H(0^n,1^n) = n$,有 $s_0 = 1/n^n$ 成立。这将推导出 $E\left(T_{(1+1)\text{EA,NEEDLE}}\right) \leqslant n^n$。

证毕

我们相信 n^n 的上界实际上是紧致的吗?如果真是这样,那就太令人吃惊了。对于所有的 $x \in \{0,1\}^n \setminus \{0^n\}$,直接变异到全局最优解 1^n 的概率至少是 $(1/n)^{n-1} \cdot (1-1/n)$。只要没有找到 1^n,(1+1)EA 算法就在搜索空间中执行随机游走,接受任何新的位串作为新的种群 x_t。因此,预期的等待时间似乎不太可能由最坏位串的等待时间决定。

4.2.4 LEADINGONES 问题

下面的这个例子涉及一个新示例函数 LEADINGONES。它的函数值为从 x_1 开始的连续 1-位构成序列的长度。显然,LEADINGONES 是一个单峰函数。

定义 4.4 适应度函数 LEADINGONES : $\{0,1\}^n \to \mathbb{R}$ 的定义为 LEADING-ONES$(x) = \sum_{i=1}^{n} \prod_{j=1}^{i} x_j$。

定理 4.5 $E(T_{(1+1)\text{EA,LEADINGONES}}) = O(n^2)$。

证明 考虑平凡适应度分层 $L_0, L_1, \cdots, L_n$。注意,这些适应度分层与 BINVAL 定义的适应度分层一致。显然,我们可用同样的方式离开 L_i 层。因此,我们得到完全相同的上界。

证毕

定理 4.6 记 $f : \{0,1\}^n \to \mathbb{R}$ 是一个弱单峰函数(即存在一点,使这一点左侧的函数单调不增(或不减),且这一点右侧的函数单调不减(或不增)),$d = |\{f(x)|x \in \{0,1\}^n\}|$ 表示不同函数值的数量。有 $E\left(T_{(1+1)\text{EA},f}\right) = O(dn)$。

证明 考虑平凡适应度分层 $L_0, L_1, \cdots, L_{d-1}$。由于对每一个 $i \in \{0,1,\cdots,d-1\}$ 和每一个 $x \in L_i$,f 是一个弱单峰的函数,所以存在至少一个 $y \in \{0,1\}^n$,有

$H(x,y) = 1$ 且 $f(y) > f(x)$。推出 $s_i \geqslant (1/n)(1-1/n)^{n-1} \geqslant 1/(en)$，因此，直接得到

$$E(T_{(1+1)\mathrm{EA},f}) \leqslant \sum_{i=0}^{d-2} \mathrm{e}n = \mathrm{e}(d-1)n = O(dn) \tag{4-7}$$

证毕

由于只有线性个数的不同函数值，$(1+1)$EA 算法在 LEADINGONES 上必然是快的。如果我们想看到单峰函数的指数期望运行时间，需要考虑具有指数数量的不同函数值的函数。注意，这是一个必要条件，但不是充分条件。例如，BIN-VAL 是一个具有 2^n 个不同函数值的单峰函数，但其上界为 $E\left(T_{(1+1)\mathrm{EA},\mathrm{BINVAL}}\right) = O\left(n^2\right)$。

4.2.5 LONGPATH$_k$ 问题

下一个例子是另一个单峰函数但具有指数个数的适应度。我们将其定义分为两部分。首先，我们在 $\{0,1\}^n$ 中定义一个路径族。然后，我们将这样的路径嵌入单峰适应度函数。

定义 4.5 假设 $n \in \mathbb{N}$，$k \in \mathbb{N} \setminus \{1\}$，其中 $(n/k) \in \mathbb{N}$。n 维的 k-路径 P_k^n 是一个由点 $p_i \in \{0,1\}^n$ 构成的序列，它以如下的形式被递归定义：首先定义 P_k^0 为一个空位串，即 $P_k^0 = \{\varepsilon\}$；然后设 $P_k^{n-k} = (p_1, p_2, \cdots, p_l)$ 为 $n-k$ 维的 k-路径，则 n 维的 k-路径定义为

$$P_k^n = \left(0^k p_1, 0^k p_2, \cdots, 0^k p_l, 0^{k-1} 1 p_l, 0^{k-2} 1^2 p_l, \cdots, 01^{k-1} p_l, 1^k p_l, 1^k p_{l-1}, \cdots, 1^k p_1\right)$$

其中，我们称点 $0^k p_1, 0^k p_2, \cdots, 0^k p_l$ 为前部，点 $1^k p_l, 1^k p_{l-1}, \cdots, 1^k p_1$ 为后部，点 $0^{k-1} 1 p_l, 0^{k-2} 1^2 p_l, \cdots, 01^{k-1} p_l$ 为桥。P_k^n 的长度用 $|P_k^n|$ 表示，等于 P_k^n 中的点的数量。

在利用 n 维的 k-路径定义一类特定的单峰函数之前，我们要注意这些 k-路径的重要性质。重要的是要认识到，这些 k-路径以一种非常特殊和有用的方式折叠到布尔超立方体中。

引理 4.1 假设 $n \in \mathbb{N}$，$k \in \mathbb{N} \setminus \{1\}$，其中 $(n/k) \in \mathbb{N}$。n 维的 k-路径具有长度 $|P_k^n| = k \cdot 2^{n/k} - k + 1$。所有的 $|P_k^n|$ 路径点成对不同。对于所有的 $d \in \{1, 2, \cdots, k-1\}$ 以及所有的 $i \in \{1, 2, \cdots, |P_k^n| - d\}$，$P_k^n$ 中正好有一个汉明距离为 d 的 p_i 的后继者，即 p_{i+d}。

证明 我们从关于长度 $|P_k^n|$ 的陈述开始，并通过 n 上的归纳证明它。对于 $n = 0$，我们有 $k \cdot 2^{0/k} - k + 1 = 1$ 和 $|(\varepsilon)| = 1$ 成立。对于 n，我们知道 P_k^n 的前部和后部都有长度 $|P_k^{n-k}|$，并且可以假设 $|P_k^{n-k}| = k \cdot 2^{(n-k)/k} - k + 1$ 成立。我

们观察到桥正好包含 $k-1$ 个点。综上，这使得声称的

$$|P_k^n| = 2 \cdot \left(k \cdot 2^{(n-k)/k} - k + 1\right) + k - 1 = k \cdot 2^{n/k} - k + 1$$

成立。

证毕

为了确保所有路径点成对不同，我们考虑 P_k^n 和每个点 $x \in P_k^n$ 的前 k 位 $x_1, x_2, \cdots, x_k$。桥中的所有点都是成对不同的，因为它们在这些位上是不同的。出于同样的原因，它们都不同于前部和后部的所有点。由于前部的前 k 位为 0^k，后部为 1^k，因此前部的任何点都不能等于后部的任何点。在前部和后部，我们考虑其余的位串 $x_{k+1}, x_{k+2}, \cdots, x_n$。这些位串都是来自 P_k^{n-k} 的点。n 上的归纳表明它们都是成对不同的。

现在考虑 $p_i \in P_k^n$ 以及 $d \in \{1, 2, \cdots, k-1\}$，满足 $i + d \leqslant |P_k^n|$。我们通过 n 上的归纳证明了最后一个陈述，因此可以假设它适用于 P_k^{n-k}。对于 $n = 0$，没有什么需要证明的，因为这条路太短，没有后继者。如果 p_i 和 p_{i+d} 都在前部或后部，那么陈述通过归纳成立，因为它在 P_k^{n-k} 中成立。

根据定义，桥中的第 j 个点与前部的最后一个点正好有 j 位不同。它与后部的第一个点正好有 $k-j$ 位不同。该点到前部和后部中的其他点 x 的汉明距离可以被计算为 j 加上 x 到前部的最后一个点的汉明距离，或者 $k-j$ 加上 x 到后部第一个点的汉明距离。因此，如果是 p_i 在前部，p_{i+d} 在桥中，以及 p_i 在桥中，p_{i+d} 在后部的情况，该陈述成立。因为我们有 $d < k$，所以不能有 p_i 在前部而 p_{i+d} 在后部的情况。在最后一种情况下，p_i 和 p_{i+d} 都是桥中的点，根据桥的构造，这种陈述显然是正确的。

我们想将 k-路径 P_k^n 嵌入到一个函数 $f: \{0,1\}^n \to \mathbb{R}$ 之中，使得函数是单峰的，且函数值沿路径增加。我们用所有的点 $x \notin P_k^n$ 被引导向第一个路径点 0^n 这一方式来定义函数值。

定义 4.6 假设 $n \in \mathbb{N}, k \in \mathbb{N} \backslash \{1\}$，其中 $(n/k) \in \mathbb{N}$。适应度函数 $\mathrm{LONGPATH}_k : \{0,1\}^n \to \mathbb{R}$ 定义如下

$$\mathrm{LONGPATH}_k(x) = \begin{cases} n^2 + i, & \text{若 } x = p_i \in P_k^n \\ n^2 - \left(n \sum_{i=1}^k x_i\right) - \sum_{i=k+1}^n x_i, & \text{其他} \end{cases}$$

对于不在路径上的点，以上定义着重强调前 k 位。因此，点偏离路径后只能被引导到前部去。这样一来，进化算法很有可能在第一次进入 k-路径时经过的点的数量就已经超过了至少 P_k^n 中点的数量的一半。

定理 4.7　假设 $n \in \mathbb{N}, k \in \mathbb{N} \setminus \{1\}$，其中 $(n/k) \in \mathbb{N}$。$E\left(T_{(1+1)\text{EA,LONGPATH}_k}\right) = O\left(\min\{n|P_k^n|, n^{k+1}/k\}\right)$。

证明　上界 $O\left(n|P_k^n|\right)$ 是单峰函数一般上界的直接结果 (定理 4.6)。我们只需要证明 $O\left(n^{k+1}/k\right)$ 也是一个上界。

我们使用了基于 f 的划分方法，但只给出了适应度分层的隐式定义。当不在路径上时，适应度可以通过将最左边的 1-位修改为 0-位来增加。这种变异具有概率 $(1/n)\left(1 - 1/n\right)^{n-1} \geqslant 1/(en)$，在最多 n 个这样的变异后，就到达了路径上的某个点。这就产生了偏离路径的预期时间的 $O(n^2)$ 上界。

在路径上，我们区分两种情况。在第一种情况下，我们还没有走到路径的后部。在这种情况下，最多 k 个特定位发生变异，形成路径的后面部分。在前面的路径中，我们正好翻转 k 位，在桥中翻转不到 k 位。因此，在单个变异中到达后部的概率总是小于 $(1/n)^k \left(1 - 1/n\right)^{n-k} \geqslant 1/\left(en^k\right)$。当走到路径后部时，即第二种情况，我们可以忽略前 k 位。那么我们的处境就像在 P_k^{n-k} 上一样。我们重复论证。显然，在最多 n/k 个这样的步骤之后，就到达了路径的末端。因此，我们得到一个上界 $(n/k) \cdot en^k = O\left(n^{k+1}/k\right)$，表示在这条路径上花费的期望时间。这使得 $O\left(n^2 + n^{k+1}/k\right) = O\left(n^{k+1}/k\right)$ 成为上界。

证毕

4.2.6　JUMP$_k$ 问题

LONGPATH$_k$ 的上界 (定理 4.7) 是一类适应度函数的结果，因为它适用于 k 的所有有效选择。这样的结果更具有普遍性，因此这个结果在其他的一些示例函数上也是合适的。我们引入了另一类示例函数 JUMP$_k$，并通过基于 f 的划分方法获得了关于一类适应度函数的第二个结果。

定义 4.7　假设 $n \in \mathbb{N}$ 和 $k \in \{1, 2, \cdots, n\}$，适应度函数 JUMP$_k : \{0, 1\}^n \to \mathbb{R}$ 的定义如下所示

$$\text{JUMP}_k(x) = \begin{cases} n - \text{ONEMAX}(x), & 若\ n - k < \text{ONEMAX}(x) < n \\ k + \text{ONEMAX}(x), & 其他 \end{cases}$$

JUMP$_k$ 的图形表示如图 4-2 所示。由于 JUMP$_k$ 是构造的函数，因此可以根据 x 中 1-位的数量绘制函数值 JUMP$_k(x)$。

搜索空间 $\{0, 1\}^n$ 可以很自然地分成三部分。对于所有的 $x \in \{0, 1\}^n$，其中 $\text{ONEMAX}(x) \leqslant n - k$，函数值等于 $k + \text{ONEMAX}(x)$。由于附加常量 k 不重要，所以在搜索空间的这一部分，函数可以像 ONEMAX 那样优化。搜索指向全 1-位串 1^n 的方向，这是唯一的全局最优值。然而，这停止在恰好 k 个 0-位的位串上。搜索空间的这一部分在图 4-2 中表示为 A。对于大于 $n - k$ 但小于 n 的 1-位的

位串，函数值由 $n - \text{ONEMAX}(x)$ 给出。因此，函数值在 1 和 $k-1$ 之间变化。函数值可以像 $n - \text{ONEMAX}$ 一样在搜索空间的这一部分进行优化。搜索远离全 1-位串 1^n。搜索空间的这一部分在图 4-2 中表示为 B。请注意，B 部分中的所有位串的函数值都小于不在这部分中的所有位串的函数值。最后，唯一的全局最优值 1^n 构成了搜索空间的第三部分，也是最后一部分。这部分在图 4-2 中记为 C。

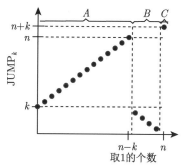

图 4-2　　$\text{JUMP}_k : \{0,1\}^n \to \mathbb{R}$ 的图形表示
该表达式描述了参数 k 的影响。这是 $n = 18$ 和 $k = 5$ 的实际图形

定理 4.8　假设 $n \in \mathbb{N}$ 和 $k \in \{1, 2, \cdots, n\}$，$E\left(T_{(1+1)\text{EA},\text{JUMP}_k}\right) = O(n^k + n \log n)$。

证明　我们利用平凡的适应度分层 $L_0, L_1, \cdots, L_n$，它们被定义为 $L_i = \{x \in \{0,1\}^n | \text{JUMP}_k = i+1\}$，其中，$i \in \{0, 1, \cdots, n-1\}$ 和 $L_n = \{1^n\}$。对于 $i \leqslant k-2$，在任何 $x \in L_i$ 中正好有 $i+1$ 个 0-位。只要将 $n-i-1$ 个 1-位中的一个变异为 0-位，而不改变任何其他位就可以离开 L_i。这就产生了

$$s_i \geqslant \binom{n-i-1}{1} \cdot \frac{1}{n} \cdot \left(1 - \frac{1}{n}\right)^{n-1} \geqslant \frac{n-i-1}{\text{e}n}$$

其中，$i \in \{0, 1, \cdots, k-2\}$。对于 $i \in \{k-1, k, \cdots, n-2\}$，在任何 $x \in L_i$ 中正好有 $i-k+1$ 个 1- 位。只要将 $n-i+k-1$ 个 0-位中的一个变异为 1-位，而不改变任何其他位就可以离开 L_i。这就产生了

$$s_i \geqslant \binom{n-i+k-1}{1} \cdot \frac{1}{n} \cdot \left(1 - \frac{1}{n}\right)^{n-1} \geqslant \frac{n-i+k-1}{\text{e}n}$$

其中，$i \in \{k-1, k, \cdots, n-2\}$。所有的 $x \in L_{n-1}$ 都正好有 k 个 0-位和第二大函数值。为了生成一个函数值更大的位串，必须将所有 0-位精确地转换成 1-位。因

此，我们有 $s_{n-1} = (1/n)^k (1 - 1/n)^{n-k} \geqslant 1/ (en^k)$。利用这些下界，我们得到

$$E\left(T_{(1+1)\mathrm{EA},\mathrm{JUMP}_k}\right) \leqslant \left(\sum_{i=0}^{k-2} \frac{en}{n-i-1}\right) + \left(\sum_{i=k-1}^{n-2} \frac{en}{n-i+k-1}\right) + en^k$$

$$= en\left(\left(\sum_{i=n-k+1}^{n-1} \frac{1}{i}\right) + \left(\sum_{i=k+1}^{n} \frac{1}{i}\right)\right) + en^k$$

$$= O\left(n\log n + n^k\right)$$

作为期望运行时间的上界。

证毕

4.2.7　线性函数问题

我们再讨论一类适应度函数上界的另一个例子。与 $\mathrm{LONGPATH}_k$ 和 JUMP_k 不同，我们现在考虑的不是一系列示例函数，而是一类"自然"函数——线性函数。回想一下，如果有权重 $w_0, w_1, \cdots, w_n \in \mathbb{R}$，函数 $f: \{0,1\}^n \to \mathbb{R}$ 称为是线性的。因此对于所有 $x \in \{0,1\}^n$，函数值等于 $f(x) = w_0 + \sum_{i=1}^{n} w_i x_i$。

定理 4.9　假设 $f: \{0,1\}^n \to \mathbb{R}$ 是一个线性函数，则 $E\left(T_{(1+1)\mathrm{EA},f}\right) = O\left(n^2\right)$。

证明　令 $w_0, w_1, \cdots, w_n \in \mathbb{R}$ 为权重，这样对于所有的 $x \in \{0,1\}^n$，有 $f(x) = w_0 + \sum_{i=1}^{n} w_i x_i$. 由于 $(1+1)\mathrm{EA}$ 算法采用了不依赖于特定函数值而是仅依赖于函数值顺序的附加选择，我们可以不失一般性地假设 $w_0 = 0$ 成立。由于 $(1+1)\mathrm{EA}$ 算法对于 0-位和 1-位是完全对称的，我们可以不失一般性地假设，对于所有 $i \in \{1, 2, \cdots, n\}$，$w_i \geqslant 0$ 成立。如果 $w_i < 0$，我们可以用 $-w_i$ 代替 w_i，并在第 i 个位置交换 0 和 1 的角色。由于 $(1+1)\mathrm{EA}$ 算法相对于比特位置是完全对称的，我们可以不失一般性地假设 $w_1 \geqslant w_2 \geqslant \cdots \geqslant w_n$ 成立。

为了简化基于 f 划分的定义，假设对于所有 $i \in \{1, 2, \cdots, n\}$，有 $w_i \neq 0$ 成立。一般来说，要做到这一点就必须失去一般性。因为我们必须证明期望运行时间的一个上界，所以我们可以这样做。如果 $w_i = 0$ 成立，第 i 位对函数值没有影响。令 $w_i \neq 0$ 意味着现在对于 x_i 在全局最优中有一个独特的值。需要找到这个值，但不能减少期望运行时间。

根据我们的假设，现在有 $w_1 \geqslant w_2 \geqslant \cdots \geqslant w_n > w_0 = 0$。我们定义了适应度分层

$$L_i = \left\{x \in \{0,1\}^n \backslash \bigcup_{j=0}^{i-1} L_j \,\middle|\, f(x) < \sum_{j=1}^{i+1} w_j\right\}$$

其中，$i \in \{0, 1, \cdots, n-1\}$ 以及 $L_n = \{1^n\}$。这些适应度分层与我们在 BIN-VAL 中使用的适应度分层非常相似。对于任何 $x \in L_i$，它足以精确地变异最左边的 0-位，以增加适应度，从而达到更高的适应度分层。因为这种变异的概率是 $(1/n)(1 - 1/n)^{n-1} \geqslant 1/(en)$，所以，

$$E\left(T_{(1+1)EA,f}\right) \leqslant \sum_{i=0}^{n-1} en = en^2 = O\left(n^2\right)$$

成立。

证毕

基于 f 的划分方法得到的所有结果均适用于 $(1+1)$EA 算法。这是由改进概率的定义以及我们将这些概率与期望运行时间联系起来的方式 (定理 4.1) 保证的。当然，要使该方法适用于其他随机搜索启发式方法，稍微改变定义即可。

当考虑随机局部搜索时，我们需要修正改进概率的定义。若

$$s_i = \min_{x \in L_i} \left\{ \sum_{j=i+1}^{k} \sum_{y \in L_j} p(x, y) \right\}$$

中的 $p(x, y)$ 定义如下

$$p(x, y) = \begin{cases} \dfrac{1}{n}, & \text{若 } H(x, y) = 1 \\ 0, & \text{其他} \end{cases}$$

且使用 1-位汉明邻域时，我们可以直接应用该方法而不做任何其他改变。本章的大部分结果可直接推广到随机局部搜索。

比调整该方法以适应随机局部搜索更有趣的是，改造该方法使之适合 $(1+\lambda)$EA 算法，即种群规模 $\mu = 1$ 的 $(\mu + \lambda)$ EA 算法（算法 4-1）。在这里，有两个变化是必要的。$(1+\lambda)$EA 算法产生 λ 个后代，如果不是全部都比 x_t 差的话，使用其中具有最大函数值的后代替换当前种群 x_t。因此，将改进概率定义为 λ 个独立变异的改进概率更有意义。故采用

$$s_i = \min_{x \in L_i} \left\{ 1 - \left\{ 1 - \underbrace{\sum_{j=i+1}^{k} \sum_{y \in L_j} p_m^{H(x,y)} (1 - p_m)^{H(x,y)}}_{=: p} \right\}^{\lambda} \right\}$$

作为改进概率。与 $(1+1)$ EA 算法一样，项 p 等于在更高适应度分层上从 x 突变到 y 的概率，而 $1 - p$ 表示没有这种变异的概率。$(1 - p)^{\lambda}$ 是在 λ 个独立变异

中没有这种变异的概率。因此，$1-(1-p)^\lambda$ 是 λ 个后代中，至少有一个离开 L_i 的概率。需要做的第二个改变是修正改进概率 s_i 的直接结果。因为我们考虑完整的一代，所以需要考虑在每一代中进行 λ 次函数评估。因此，我们得到

$$E\left(T_{(1+1)\mathrm{EA},f}\right) \leqslant \lambda \cdot \sum_{i=0}^{k-1} \frac{1}{s_i}$$

作为上界。作为一个例子，我们将该方法应用于 LEADINGONES。

定理 4.10   假设 $n \in \mathbb{N}$ 和 $\lambda \in \mathbb{N}$，其中 $\lambda = n^{O(1)}$，则有 $E\left(T_{(1+\lambda)\mathrm{EA},\mathrm{LEADINGONES}}\right) = O\left(n^2 + \lambda n\right)$。

证明   正如我们在定理 4.5 的证明中对 $(1+1)$ EA 算法所做的那样，考虑平凡的适应度分层 $L_0, L_1, \cdots, L_n$。变异最左边 0-位增加适应度，并且概率至少为 $(1/n)(1-1/n)^{n-1} \geqslant 1/(en)$。因此，

$$s_i \geqslant 1 - \left(1 - \frac{1}{en}\right)^\lambda = 1 - \left(1 - \frac{1}{en}\right)^{en(\lambda/(en))} \geqslant 1 - \mathrm{e}^{-\lambda/(en)}$$

可作为改进概率的下界。进而可得到上界

$$E\left(T_{(1+\lambda)\mathrm{EA},\mathrm{LEADINGONES}}\right) \leqslant \lambda \cdot \sum_{i=0}^{n-1} \frac{1}{1 - \mathrm{e}^{-\lambda/(en)}} = \frac{\lambda n}{1 - \mathrm{e}^{-\lambda/(en)}}$$

为了推导出更方便的公式，我们处理一下 $1 - \mathrm{e}^{-\lambda/(v)}$。对后代种群规模 λ 进行区分：对于 $\lambda \geqslant en$，我们有 $\lambda/(en) \geqslant 1$ 和 $-\lambda/(en) \leqslant -1$，并且直接有 $\mathrm{e}^{-\lambda/(en)} \leqslant \mathrm{e}^{-1}$。因此，我们有 $-\mathrm{e}^{-\lambda/(en)} \geqslant -\mathrm{e}^{-1}$ 以及 $1 - \mathrm{e}^{-\lambda/(en)} \geqslant 1 - \mathrm{e}^{-1}$。进一步，$1/\left(1 - \mathrm{e}^{-\lambda/(en)}\right) \leqslant 1/\left(1 - \mathrm{e}^{-1}\right)$ 成立。进而，

$$E\left(T_{(1+\lambda)\mathrm{EA},\mathrm{LEADINGONES}}\right) \leqslant \frac{\lambda n}{1 - \mathrm{e}^{-1}} = O\left(\lambda n\right)$$

其中 $\lambda \geqslant en$. 对于 $\lambda < en$，我们利用了这样一个事实：对于所有的 $t \in [0,1]$，$1 - \mathrm{e}^{-t} \geqslant t/2$ 成立 (图 4-3)。

由于 $\lambda < en$，可知 $\lambda/(en) < 1$ 成立，并且 $1 - \mathrm{e}^{-\lambda/(en)} \geqslant \lambda/(2en)$ 是其直接结果。因此，对于 $\lambda < en$，

$$E\left(T_{(1+\lambda)\mathrm{EA},\mathrm{LEADINGONES}}\right) \leqslant \frac{\lambda n}{\lambda/(2en)} = 2en^2 = O\left(n^2\right)$$

通过把两个上界相加,在所有情况下都有

$$E\left(T_{(1+\lambda)\text{EA,LEADINGONES}}\right) \leqslant \frac{\lambda n}{1 - \mathrm{e}^{-\lambda/(en)}} = O\left(n^2 + \lambda n\right)$$

证毕

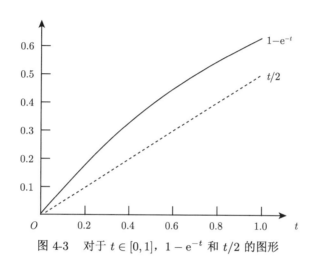

图 4-3 对于 $t \in [0,1]$,$1 - \mathrm{e}^{-t}$ 和 $t/2$ 的图形

上界 $E\left(T_{(1+\lambda)\text{EA,LEADINGONES}}\right) = O\left(n^2 + \lambda n\right)$ 可用于在实际环境中获取有用提示。假设你想要在具有 λ 个处理器的并行机器上实现 $(1+\lambda)$EA 算法。显然,在每一代中,λ 个后代和函数评估可以并行进行。虽然计算量仍然是 $O\left(n^2 + \lambda n\right)$,但优化所需的时间可以减少,它减少到 $O\left(n^2/\lambda + n\right)$。我们发现,对于 $\lambda = O\left(n\right)$,有一个加速的过程。然而,增加后代数量和处理器数量到 $\lambda = \omega\left(n\right)$ 不会导致更快的优化。因此,该结果可以指导并行计算环境中如何确定处理器的数量。然而,值得注意的是,只有当 $E\left(T_{(1+\lambda)\text{EA,LEADINGONES}}\right)$ 的界是渐近紧的,这个推理才是完全有效的。

4.3 本章小结

基于适应度划分的分析方法比较简单,它不像基于 Markov 链建模的分析方法那样需要考虑算法搜索过程所有可能出现的状态,甚至不需要计算搜索空间中任意两个解之间的转换概率,是一种很实用的进化算法理论分析方法。但是,一般来说,它只适用于估计使用选择策略算法的期望运行时间上界,否则很可能出现 $p_i = 0$ 的情况,导致获得的上界没有实际意义。此外,该分析方法获得的上界质量也与适应度划分的子集定义质量密切相关,在应用中需要掌握较好的经验和技巧。如果适应度划分的子集（或层）的个数为指数级时，得到的上界很可能也是指数级以上的，失去了实际意义。相反地，如果适应度划分的子集个数太少，无法区分不同解的质量，可能出现 p_i 取值很小的情况，也会导致得到的上界也是指数级以上的。

第 5 章　漂移分析理论与方法

漂移分析是进化算法时间复杂度分析的主流研究方法之一，不少进化算法的重要理论研究成果是基于漂移分析方法的框架取得的。He 和 Yao 将漂移分析理论引入到进化算法的时间复杂度分析中，给出了相应的数学模型、条件假设及定理[13]。此后，理论研究者拓展漂移分析方法以适应特定的分析场景，例如，加式漂移分析、乘式漂移分析、可变漂移分析等，并且通过拓展后的分析框架取得了一系列时间复杂度分析结果。不仅如此，有些研究工作虽然没有明确地采用漂移分析方法，但漂移分析的思想已经渗透到具体的分析过程中，例如，Droste、Jansen、Wegene 等针对经典 (1+1)EA 算法求解线性优化问题的分析，可见漂移分析理论对进化算法的理论分析领域产生了深远影响。

5.1　漂移分析方法框架

采用漂移分析方法讨论进化算法乃至随机优化算法的计算时间的过程主要包含三个部分：定义距离函数、分析漂移量以及推导计算时间复杂度。首先，结合待分析的算法以及优化问题的特性定义距离函数，用于衡量算法搜索得到的解与全局最优解之间的距离，进而衡量算法在运行过程中向目标解靠近的速度。距离函数在部分文献中也被称为漂移函数或者势能函数。分析不同的进化算法以及优化问题通常需要基于对分析场景的深刻理解，定义不同的距离函数。其次，分析算法在一次迭代前后与目标解之间的距离的变化量，距离的变化量也称漂移量。与距离函数的定义相比，漂移量的分析涉及较为复杂的推导，具有很强的技巧性，是进化算法的计算时间分析工作中篇幅最长的部分。最后，基于漂移量的分析结果，运用相应的漂移定理推导算法的计算时间，计算时间的常见衡量指标包括期望首达时间、平均时间复杂度等。漂移定理将算法的计算时间分析从具体的分析场景分离出来，仅根据漂移量满足的条件即可保证分析得到的计算时间上界或者下界成立，而对算法具体的算子设计以及参数设置不作要求。如果漂移量满足相同的条件，那么相同的漂移定理可应用于不同的分析场景，因此漂移定理具有较强的通用性。

对于优化算法而言，一种相当直接的距离函数定义方式是以当前解的评估值与全局最优解的评估值之差作为距离函数，而基于种群的优化算法则以种群中个体与全局最优解的最小距离作为整个种群的距离。显然，采用评估值的差值作为距离函数可以反映当前解的质量，并且在取得目标解时距离正好为 0。例如，在优化目标是最小化球函数 $f(x) = \sum\limits_{i=1}^{n} x_i^2$ 的情况下，全局最优解为原点 $(0, 0, \cdots, 0)$，距离函数恰好等于当前解与原点的欧几里得距离的平方，距离为 0 时表示算法已求得全局最优解。然而，并不是对于所有的优化问题，评估值的差值都能像上述例子一样恰好与欧几里得距离正相关，此时可能需要根据优化问题的特性设计距离函数。例如，当优化目标是最大化离散线性问题 $c(x)$ 的情况下，全局最优解仍然是原点 $(0, 0, \cdots, 0)$，其中解 $(0, 1, \cdots, 1)$ 的适应值大于解 $(1, 0, \cdots, 0)$ 的适应值，但解 $(1, 0, \cdots, 0)$ 与最优解仅在第 1 位存在差异，而解 $(0, 1, \cdots, 1)$ 与最优解则存在 $n - 1$ 位不同。此时汉明距离比评估值的差值更能反映当前解与最优解的差异。离散线性问题 $c(x)$ 的示例如下所示。

$$c(x) = \begin{cases} n + 1 - n\left(\sum\limits_{i=1}^{n} x_i\right), & 0 \leqslant \sum\limits_{i=1}^{n} x_i \leqslant 1 \\ \sum\limits_{i=1}^{n} x_i, & 1 < \sum\limits_{i=1}^{n} x_i \leqslant n \end{cases}$$

5.2　加式漂移分析

基于上一节介绍的漂移分析方法框架，若经过分析发现算法的漂移量满足特定的条件，则可应用相应的定理推导算法的计算时间。其中，最简单的条件反映的是漂移量的期望值与特定的常数值之间的关系，对应的分析方法被称为加式漂移分析方法，最早由 He 和 Yao 用于分析离散型进化算法的期望首达时间。加式漂移分析方法的相关定理可在漂移量的期望值大于或等于特定常数的情况下推导算法的期望首达时间上界，在漂移量的期望值小于或等于特定常数的情况下得到算法的期望首达时间下界，下面给出定理的描述及证明[55]。

定理 5.1　给定状态空间为 Z 的 Markov 链 $(Z_t)_{t \in \mathbb{N}_0}$，对应的距离函数为 $\alpha: Z \to S \subseteq [0, +\infty)$，且假设 $\alpha(Z_0) = n$。令首达时间 $T = \inf\{t \in \mathbb{N}_0 : \alpha(Z_t) = 0\}$，如果存在常数 $c > 0$ 使得对于所有 $\alpha(z) > 0$ 的 $z \in Z$ 和所有 $t \geqslant 0$ 满足

$$\mathbb{E}\left[\alpha(Z_{t+1}) \,|\, Z_t = z\right] \leqslant \alpha(z) - c \tag{5-1}$$

则

$$\mathbb{E}[T] \leqslant \frac{n}{c} \tag{5-2}$$

证明　记 $X_t = \alpha(Z_t)$。由于分析的目标是 X_t 首次达到 0 的时间 T，$X_{T+1} = X_{T+2} = \cdots = 0$。

根据条件 $\mathbb{E}\left[\alpha\left(Z_{t+1}\right)|Z_t = z\right] \leqslant \alpha\left(z\right) - c$，针对满足 $\alpha\left(z\right) > 0$ 的所有 z 的可能取值，将 $\mathbb{E}\left[\alpha\left(Z_{t+1}\right)|Z_t = z\right]$ 与对应概率 $P\left(Z_t = z|T > t\right)$ 加权求和，有

$$
\begin{aligned}
\mathbb{E}\left[X_{t+1}|T > t\right] &= \sum_{z \in Z, \alpha(z) > 0} P\left(Z_t = z|T > t\right) \mathbb{E}\left[\alpha\left(Z_{t+1}\right)|Z_t = z\right] \\
&\leqslant \sum_{z \in Z, \alpha(z) > 0} \left\{\alpha\left(z\right) - c\right\} P\left(Z_t = z|T > t\right) \\
&= \sum_{z \in Z, \alpha(z) > 0} \alpha\left(z\right) P\left(Z_t = z|T > t\right) \\
&\quad - \sum_{z \in Z, \alpha(z) > 0} c P\left(Z_t = z|T > t\right)
\end{aligned}
\tag{5-3}
$$

由于 $\sum\limits_{z \in Z, \alpha(z) > 0} P\left(Z_t = z|T > t\right) = 1$，所以

$$
\mathbb{E}\left[X_{t+1}|T > t\right] \leqslant \mathbb{E}\left[X_t|T > t\right] - c
$$

考虑 $\mathbb{E}\left[X_{t+1}\right]$ 与 $\mathbb{E}\left[X_t\right]$ 之间的联系，有

$$
\begin{aligned}
\mathbb{E}\left[X_{t+1}\right] &= P\left[T > t\right] \cdot \mathbb{E}\left[X_{t+1}|T > t\right] + P\left[T \leqslant t\right] \cdot 0 \\
&\leqslant P\left[T > t\right] \cdot \left(\mathbb{E}\left[X_t|T > t\right] - c\right) \\
&= \mathbb{E}\left[X_t\right] - P\left[T > t\right] \cdot c
\end{aligned}
\tag{5-4}
$$

根据首达时间 T 的定义，$\mathbb{E}\left[T\right]$ 可表示为

$$
\mathbb{E}\left[T\right] = \lim_{\tau \to \infty} \sum_{t=0}^{\tau} P\left[T > t\right]
$$

由 $\mathbb{E}\left[X_{t+1}\right] \leqslant \mathbb{E}\left[X_t\right] - P\left[T > t\right] \cdot c$ 且 $\mathbb{E}\left[X_t\right] \geqslant 0$，有

$$
\begin{aligned}
c \cdot \mathbb{E}\left[T\right] &= \lim_{\tau \to \infty} \sum_{t=0}^{\tau} c \cdot P\left[T > t\right] \\
&\leqslant \lim_{\tau \to \infty} \sum_{t=0}^{\tau} \left(\mathbb{E}\left[X_t\right] - \mathbb{E}\left[X_{t+1}\right]\right) \\
&= \mathbb{E}\left[X_0\right] - \lim_{\tau \to \infty} \mathbb{E}\left[X_{\tau+1}\right] \leqslant n
\end{aligned}
\tag{5-5}
$$

由此，$\mathbb{E}[T] \leqslant \dfrac{n}{c}$。

证毕

与定理 5.1 给出估算首达时间上界类似，加式漂移分析方法同样给出了估算首达时间下界的定理。

定理 5.2 给定状态空间为 Z 的 Markov 链 $(Z_t)_{t \in \mathbb{N}_0}$，对应的距离函数为 $\alpha : Z \to S \subseteq [0, +\infty)$，且假设 $\alpha(Z_0) = n$。令首达时间 $T = \inf\{t \in \mathbb{N}_0 : \alpha(Z_t) = 0\}$，如果存在常数 $c > 0$ 使得对于所有 $\alpha(z) > 0$ 的 $z \in Z$ 和所有 $t \geqslant 0$ 满足

$$\mathbb{E}[\alpha(Z_{t+1}) | Z_t = z] \geqslant \alpha(z) - c \tag{5-6}$$

则

$$\mathbb{E}[T] \geqslant \frac{n}{c} \tag{5-7}$$

证明 与式 (5-3) 的推导过程类似，由条件 $\mathbb{E}[\alpha(Z_{t+1}) | Z_t = z] \geqslant \alpha(z) - c$ 可推导得

$$\mathbb{E}[X_{t+1} | T > t] \geqslant \mathbb{E}[X_t | T > t] - c$$

考虑 $\mathbb{E}[X_{t+1}]$ 与 $\mathbb{E}[X_t]$ 之间的联系，类似式 (5-4) 的推导过程，有

$$\mathbb{E}[X_{t+1}] \geqslant \mathbb{E}[X_t] - P[T > t] \cdot c$$

由首达时间 T 的定义 $\mathbb{E}[T] = \lim\limits_{\tau \to \infty} \sum\limits_{t=0}^{\tau} P[T > t]$，有

$$\begin{aligned} c \cdot \mathbb{E}[T] &\geqslant \lim_{\tau \to \infty} \sum_{t=0}^{\tau} (\mathbb{E}[X_t] - \mathbb{E}[X_{t+1}]) \\ &= \mathbb{E}[X_0] - \lim_{\tau \to \infty} \mathbb{E}[X_{\tau+1}] \end{aligned} \tag{5-8}$$

与式 (5-5) 不同，式 (5-8) 的推导需要分以下两种情况讨论。

（1）如果 X_t 不收敛到 0，即 $\lim\limits_{t \to \infty} P[T > t] > 0$，此时 $\mathbb{E}[T] = \lim\limits_{\tau \to \infty} \sum\limits_{t=0}^{\tau} P[T > t] = \infty$，满足 $\mathbb{E}[T] \geqslant \dfrac{n}{c}$。

（2）如果 X_t 收敛到 0，则 $\exists M > 0$，$\mathbb{E}[X_{\tau+1} | T > t] \leqslant M$，又由 $\lim\limits_{t \to \infty} P[T > t] = 0$，有

$$\lim_{\tau \to \infty} \mathbb{E}[X_{\tau+1}] = \lim_{\tau \to \infty} P[T > t] \cdot \mathbb{E}[X_{\tau+1} | T > t] = 0$$

因此，$c \cdot \mathbb{E}[T] \geqslant \mathbb{E}[X_0] = n$，式 (5-7) 成立。

证毕

值得注意的是，在式 (5-1) 和式 (5-6) 取等号的情况下，对应的计算时间不等式也取等号，即当每次迭代的漂移量期望为一个定值 c 时，首达时间期望的上界和下界恰好相等。进一步地，这表明对于漂移量的期望与迭代次数无关的情况，首达时间期望与解的变化量的具体分布是相互独立的，改变变化量的概率分布函数并不能加快或者减慢算法达到目标适应值的速度。

5.3　乘式漂移分析

加式漂移分析的定理要求所分析的优化场景满足加式漂移条件，在许多情况下并不成立，因此乘式漂移分析将定理的条件一般化，考虑漂移量与线性函数之间的大小关系，进而分析算法的计算时间。下面给出乘式漂移分析的定理及其证明[10]。

定理 5.3　令 $S \subseteq \mathbb{R}^+$ 表示最小值为 $s_{\min}$ 的正数的有限集合，$\left\{X^{(t)}\right\}_{t \in \mathbb{N}}$ 表示取值在 $S \cup \{0\}$ 上的一个随机变量序列，且令随机变量 T 表示使得 $X^{(t)} = 0$ 的最小时刻 $t \in \mathbb{N}$。假设存在一个常数 $\delta > 0$ 使得

$$\mathbb{E}\left[X^{(t)} - X^{(t+1)} | X^{(t)} = s\right] \geqslant \delta s \tag{5-9}$$

对于任意满足 $P\left[X^{(t)} = s\right] > 0$ 的 $s \in S$ 成立，则对于任意 $P\left[X^{(0)} = s_0\right] > 0$ 的 $s_0 \in S$ 有

$$\mathbb{E}\left[T | X^{(0)} = s_0\right] \leqslant \frac{1 + \ln\left(s_0 / s_{\min}\right)}{\delta} \tag{5-10}$$

证明　令函数 $g: S \to \mathbb{R}$ 的定义如下

$$g(s) = 1 + \ln\frac{s}{s_{\min}}$$

令 $R = g(s)$ 表示函数 g 的值域，且 $\left\{Z^{(t)}\right\}_{t \in \mathbb{N}}$ 表示在 $R \cup \{0\}$ 上的一个随机变量序列，其中

$$Z^{(t)} = \begin{cases} 0, & \text{若 } X^{(t)} = 0 \\ g\left(X^{(t)}\right), & \text{其他} \end{cases}$$

由上述定义可知，随机变量 T 也表示使得 $Z^{(t)} = 0$ 的最小时刻 $t \in \mathbb{N}$。对于任意 $t < T$，有 $Z^{(t)} = g\left(X^{(t)}\right) > 0$，如果 $X^{(t+1)} = 0$，则 $Z^{(t+1)} = 0$，且

$$Z^{(t)} - Z^{(t+1)} = 1 + \ln\left(\frac{X^{(t)}}{s_{\min}}\right) \geqslant 1 = \frac{X^{(t)} - X^{(t+1)}}{X^{(t)}} \tag{5-11}$$

如果 $X^{(t+1)} \neq 0$，则 $Z^{(t+1)} = g\left(X^{(t)}\right)$，且

$$Z^{(t)} - Z^{(t+1)} = \ln\left(\frac{X^{(t)}}{X^{(t+1)}}\right) \geqslant \frac{X^{(t)} - X^{(t+1)}}{X^{(t)}} \tag{5-12}$$

其中最后一个不等式是依据

$$\frac{u}{w} = 1 + \frac{u-w}{w} \leqslant e^{\frac{u-w}{w}}$$

从而有

$$\ln\left(\frac{u}{w}\right) \leqslant \frac{u-w}{w}$$

不等式两侧取负号得

$$\ln\left(\frac{w}{u}\right) \geqslant \frac{w-u}{w}$$

对于所有的 $u, w \in \mathbb{R}^+$ 成立。

因此，由式 (5-11) 和式 (5-12)，无论 $Z^{(t+1)} = 0$ 或者 $Z^{(t+1)} \neq 0$，都有

$$Z^{(t)} - Z^{(t+1)} \geqslant \frac{X^{(t)} - X^{(t+1)}}{X^{(t)}}$$

由函数 $g(s)$ 的定义可知 $g(s)$ 是双射，即对于任意 $r \in R$ 有且仅有唯一的 $s \in S$ 使得 $r = g(s)$，且事件 $Z^{(t)} = r$ 与 $X^{(t)} = s$ 是等价的。因此，由条件 (5-9) 可得

$$\mathbb{E}\left[Z^{(t)} - Z^{(t+1)} | Z^{(t)} = r\right] \geqslant \frac{\mathbb{E}\left[X^{(t)} - X^{(t+1)} | X^{(t)} = s\right]}{s} \geqslant \delta$$

因为上述公式满足定理 5.1 的条件，所以根据加式漂移分析定理 5.1 可得，对于任意满足 $P\left[X^{(0)} = s_0\right] > 0$ 的 $s_0 \in S$ 有

$$\mathbb{E}\left[T | X^{(0)} = s_0\right] = \mathbb{E}\left[T | Z^{(0)} = g(s)\right] \leqslant \frac{g(s)}{\delta} \leqslant \frac{1 + \ln(s_0/s_{\min})}{\delta}$$

证毕

5.4　可变漂移分析

可变漂移分析继加式漂移分析、乘式漂移分析之后进一步放宽了漂移量需要满足的条件。加式漂移分析中定理 5.1 要求漂移量的期望值大于或等于特定常数，乘式漂移分析则将漂移量与线性函数作比较，而可变漂移分析仅要求漂移量与当前状态呈单调递增的关系，使得定理更加一般化。下面给出可变漂移分析的定理及证明[56]。

定理 5.4 令 $\left\{X^{(t)}\right\}_{t\in\mathbb{N}}$ 表示有限状态空间 $S\subseteq\mathbb{R}_0^+$ 内的一个随机变量序列，$x_{\min}=\min\{x\in S:x>0\}$，且令随机变量 T 表示使得 $X^{(t)}=0$ 的最小时刻 $t\in\mathbb{N}$。假设存在一个连续的单调递增函数 $h:\mathbb{R}_0^+\to\mathbb{R}^+$ 使得

$$\mathbb{E}\left[X^{(t)}-X^{(t+1)}|X^{(t)}\right]\geqslant h\left(X^{(t)}\right) \tag{5-13}$$

对于任意 $t<T$ 成立，则

$$\mathbb{E}\left[T|X^{(0)}\right]\leqslant\frac{x_{\min}}{h\left(x_{\min}\right)}+\int_{x_{\min}}^{X^{(0)}}\frac{1}{h\left(x\right)}\mathrm{d}x \tag{5-14}$$

证明 假设函数 $g:\mathbb{R}_0^+\to\mathbb{R}_0^+$ 的定义如下

$$g\left(z\right)=\begin{cases}\dfrac{z}{h\left(x_{\min}\right)}, & 0\leqslant z<x_{\min}\\[3mm]\dfrac{x_{\min}}{h\left(x_{\min}\right)}+\displaystyle\int_{x_{\min}}^{z}\frac{1}{h\left(x\right)}\mathrm{d}x, & z\geqslant x_{\min}\end{cases}$$

函数 g 对于所有 $z\in\mathbb{R}^+$ 是连续且严格单调递增的，且在 $z=0$ 的右侧是连续的。此外，函数 g 在 $\mathbb{R}^+$ 是可导的，导数表达式如下所示

$$g'\left(z\right)=\begin{cases}\dfrac{1}{h\left(x_{\min}\right)}, & 0\leqslant z<x_{\min}\\[3mm]\dfrac{1}{h\left(z\right)}, & z\geqslant x_{\min}\end{cases}$$

对于 $x\geqslant x_{\min}$ 任意的 $x,y\in\mathbb{R}_0^+$，根据中值定理可得到

$$g\left(x\right)-g\left(y\right)\geqslant\frac{x-y}{h\left(x\right)} \tag{5-15}$$

因为当 $x=y$ 时，式 (5-15) 不等号两侧均为 0；当 $x\neq y$ 时，不失一般性，可假设 $x>y$，由中值定理可知存在 $\xi\in(y,x)$，使得

$$g'\left(\xi\right)=\frac{g\left(x\right)-g\left(y\right)}{x-y}$$

由于函数 h 的单调性，有 $g'\left(\xi\right)\geqslant 1/h\left(x\right)$，所以式 (5-15) 成立。

根据函数 g 的定义，当 $X^{(t)}=0$ 时，有 $g\left(X^{(t)}\right)=0$，随机变量 T 也表示使得 $g\left(X^{(t)}\right)=0$ 的最小时刻。因此，对于任意 $t<T$，有

$$\mathbb{E}\left[g\left(X^{(t)}\right)-g\left(X^{(t+1)}\right)|g\left(X^{(t)}\right)\right]\geqslant\mathbb{E}\left[\frac{X^{(t)}-X^{(t+1)}}{h\left(X^{(t)}\right)}|X^{(t)}\right]\geqslant 1 \tag{5-16}$$

式 (5-16) 满足定理 5.1 的前提条件，由定理 5.1 可得

$$\mathbb{E}\left[T|X^{(0)}\right] = \mathbb{E}\left[T|g\left(X^{(0)}\right)\right] \leqslant g\left(X^{(0)}\right)$$

由函数 g 的定义，$X^{(0)} \geqslant x_{\min}$，代入得

$$\mathbb{E}\left[T|X^{(0)}\right] \leqslant \frac{x_{\min}}{h\left(x_{\min}\right)} + \int_{x_{\min}}^{X^{(0)}} \frac{1}{h\left(x\right)} \mathrm{d}x$$

证毕

5.5　(1+1)EA 求解线性函数的时间复杂度分析

5.2 节介绍了加式漂移分析方法的重要定理，本节将展示一个运用加式漂移定理分析 $(1+1)$EA 求解线性函数的计算时间期望的案例[57]。下面首先给出线性函数的定义以及 $(1+1)$EA 的算法框架，进而介绍计算时间期望上界的结论和证明。

线性函数 $f_l(x)$ 遵循文献 [58] 中的定义，公式如下

$$f_l(x) = w_0 + \sum_{i=1}^{n} w_i s_i \tag{5-17}$$

其中，$x = (s_1, s_2, \cdots, s_n)$ 是二进制字符串，权重 $w_0 \geqslant 0$，且对于 $i = 1, 2, \cdots, n$，$w_i > 0$。不失一般性，可假设 $w_1 \geqslant w_2 \geqslant \cdots \geqslant w_n$。对于最大化问题，函数 $f_l(x)$ 的最优解是 $(1, 1, \cdots, 1)$。

$(1+1)$EA 算法可用于求解上述线性函数，主要包括以下两个步骤。

变异操作： 在第 t 次迭代过程中，假设父代解 $x_t = (s_1, \cdots, s_n)$，则解 x_t 的每个比特位以 $1/n$ 的概率翻转，如此得到的子代解记为 $x_t^{(m)}$。

选择策略： 如果子代解 $x_t^{(m)}$ 的函数值大于当前解，即 $f\left(x_t^{(m)}\right) > f(x_t)$，则将第 $t+1$ 次迭代的父代解 x_{t+1} 设为 $x_t^{(m)}$，否则 $x_{t+1} = x_t$。

根据漂移分析方法的要求，分析 $(1+1)$EA 算法的计算时间需要定义相应的距离函数。对于解 $x = (s_1, s_2, \cdots, s_n)$，距离函数的定义如下所示

$$\alpha(x) = n \ln\left(1 + \sum_{i=1}^{n/2} \beta|s_i - 1| + \sum_{i=n/2+1}^{n} |s_i - 1|\right) \tag{5-18}$$

其中，$\beta(1 < \beta < 2)$ 是一个常数。考虑问题维度 n 为奇数的情况的分析过程与 n 为偶数时的分析过程类似，为便于表述下面假设 n 为偶数。Droste 等[11] 对

(1+1)EA 算法的分析相当于在 $\beta = 2$ 情况下的讨论，因此下面基于 β 的论述过程具有较强的一般性。根据式 (5-18)，可推导得到以下定理[57]。

定理 5.5 令首达时间 $T = \inf\{t \in \mathbb{N}_0 : \alpha(x_t) = 0\}$，则 $(1+1)$EA 算法求解线性函数 $f_l(x)$ 的期望首达时间的复杂度满足：

$$\mathbb{E}[T|x_0] = O(n \ln n)$$

证明 记 $d_u = n \ln(1+u)$。对于二进制字符串 $x = (s_1, s_2, \cdots, s_n)$，下面称前 $n/2$ 位的字符为左字符，第 $n/2+1$ 之后的字符为右字符。

假设在第 t 次迭代，解 x_t 包含 $l_1 (l_1 \geqslant 0)$ 个左字符值为 1，$l_2 (l_2 \geqslant 0)$ 个右字符值为 1，则 $\alpha(x_t) = d_{\beta l_1 + l_2}$。

首先考虑正向的漂移量，在下列事件发生的情况下漂移量必定为正。

解 x_t 中 $m_1 (m_1 \geqslant 0)$ 位值为 0 的左字符翻转，$m_2 (m_2 \geqslant 0)$ 位值为 0 的右字符翻转，其他字符保持不变，其中 $\beta m_1 + m_2 > 0$。这类事件发生的概率为

$$P(\alpha(x_{t+1}) = d_{\beta l_1 + l_2 - \beta m_1 - m_2} | x_t)$$
$$\geqslant \sum_{\beta m_1 + m_2 > 0} \binom{l_1}{m_1} \binom{l_2}{m_2} \left(\frac{1}{n}\right)^{m_1+m_2} \left(1 - \frac{1}{n}\right)^{n-(m_1+m_2)}$$

下面考虑负向的漂移量，负向漂移仅可能在以下事件中发生。

解 x_t 中 $m_1 (m_1 \geqslant 0)$ 位值为 0 的左字符翻转，$m_2 (m_2 \geqslant 0)$ 位值为 0 的右字符翻转，$k_1 (k_1 \geqslant 0)$ 位值为 1 的左字符翻转，$k_2 (k_2 \geqslant 0)$ 位值为 1 的右字符翻转，其余字符保持不变，其中 $\beta k_1 + k_2 - \beta m_1 - m_2 > 0$。这类事件发生的概率为

$$P(\alpha(x_{t+1}) = d_{\beta l_1 + l_2 - \beta m_1 - m_2 + \beta k_1 + k_2} | x_t)$$
$$\leqslant \sum_{\beta k_1 + k_2 - \beta m_1 - m_2 > 0} \binom{l_1}{m_1} \binom{l_2}{m_2} \binom{n/2 - l_1}{k_1}$$
$$\binom{n/2 - l_2}{k_2} \left(\frac{1}{n}\right)^{m_1+m_2+k_1+k_2} \left(1 - \frac{1}{n}\right)^{n-(m_1+m_2+k_1+k_2)}$$

记 $u = \beta l_1 + l_2$，$v = \beta m_1 + m_2$，以及 $w = -\beta m_1 - m_2 + \beta k_1 + k_2$，则 $w = \beta k_1 + k_2 - v$。因此，漂移量的期望可以写作

$$\mathbb{E}[\alpha(x_t) - \alpha(x_{t+1}) | x_t]$$
$$= \sum_{v > 0} (d_u - d_{u-v}) P(\alpha(x_{t+1}) = d_{u-v} | x_t)$$

$$+ \sum_{w>0} (d_w - d_{u+w}) P\left(\alpha\left(x_{t+1}\right) = d_{u+w} | x_t\right)$$

$$\geqslant \sum_{v>0} \binom{l_1}{m_1} \binom{l_2}{m_2} \left(\frac{1}{n}\right)^{m_1+m_2} \left(1 - \frac{1}{n}\right)^{n-(m_1+m_2)}$$

$$\left(d_u - d_{u-v} + \sum_{w>0} \frac{d_u - d_{u+w}}{(n-1)^{k_1+k_2}} \binom{n/2 - l_1}{k_1} \binom{n/2 - l_2}{k_2}\right)$$

$$\geqslant \sum_{v>0} \binom{l_1}{m_1} \binom{l_2}{m_2} \left(\frac{1}{n}\right)^{m_1+m_2} \left(1 - \frac{1}{n}\right)^{n-(m_1+m_2)}$$

$$\left(d_u - d_{u-v} + \sum_{w>0} (d_u - d_{u+w}) \frac{1}{(2k_1)!! (2k_2)!!}\right)$$

考虑后半部分

$$d_u - d_{u-v} + \sum_{w>0} (d_u - d_{u+w}) \frac{1}{(2k_1)!! (2k_2)!!}$$

$$\geqslant n \ln(1+u) - n \ln(1+u-v)$$

$$+ \sum_{w>0} (n \ln(1+u) - n \ln(1+u+w)) \frac{1}{(2k_1)!! (2k_2)!!}$$

$$\geqslant \frac{n}{1+u} \left(v - \sum_{w>0} \frac{w}{(2k_1)!! (2k_2)!!}\right)$$

下面分两种情况讨论上式。

第一种情况，$m_1 \geqslant 1$ 或者 $m_1 = 0$ 且 $m_2 \geqslant 2$，则 $v \geqslant c$，$w = \beta k_1 + k_2 - \beta m_1 - m_2 \leqslant \beta k_1 + k_2 - \beta$，且

$$\frac{n}{1+u} \left(v - \sum_{w>0} \frac{w}{(2k_1)!! (2k_2)!!}\right)$$

$$\geqslant \frac{n}{1+u} \left(\beta - \sum_{\beta k_1+k_2-\beta>0} \frac{\beta k_1 + k_2 - \beta}{(2k_1)!! (2k_2)!!}\right)$$

$$\geqslant \frac{n}{1+u} \left(\beta - \sum_{k_1+k_2-1>0} \frac{\beta k_1 + \beta k_2 - \beta}{(2k_1)!! (2k_2)!!} + \sum_{k_1+k_2-1>0} \frac{(\beta-1) k_2}{(2k_1)!! (2k_2)!!}\right)$$

$$\geqslant \frac{n}{1+u} (c-1) \left(\sum_{k_1+k_2-1>0} \frac{k_2}{(2k_1)!! (2k_2)!!}\right)$$

$$= \frac{n}{1+u}\beta_1 > 0$$

其中，β_1 是一个大于 0 的常数。

第二种情况，$m_1 = 0$ 且 $m_2 = 1$。此时 k_1 一定为 0，因为仅有 1 位值为 0 的右字符翻转，如果 1 位或者 1 位以上的左字符翻转，即 $k_1 \geqslant 1$，那么新生成的解的适应值会低于原有的解，导致新解不能通过选择策略被选中。因此，

$$\frac{n}{1+u}\left(v - \sum_{w>0}\frac{w}{(2k_1)!!\,(2k_2)!!}\right)$$

$$\geqslant \frac{n}{1+u}\left(1 - \sum_{k_2-1>0}\frac{k_2-1}{(2k_2)!!}\right)$$

$$= \frac{n}{1+u}\beta_2 > 0$$

其中，β_2 是一个大于 0 的常数。

因为 $u = \beta l_1 + l_2$，所以 $l_1 \geqslant u/(1+\beta)$ 或者 $l_2 \geqslant u/(1+\beta)$。不失一般性，假设 $l_2 \geqslant u/(1+\beta)$，则

$$\mathbb{E}\left[\alpha\left(x_t\right) - \alpha\left(x_{t+1}\right)|x_t\right]$$

$$\geqslant \binom{l_1}{0}\binom{l_2}{1}\left(\frac{1}{n}\right)\left(1-\frac{1}{n}\right)^{n-1}\frac{n}{1+u}\min\{\beta_1,\beta_2\}$$

$$\geqslant \frac{n}{(1+\beta)(1+u)}\left(1-\frac{1}{n}\right)^{n-1}\min\{\beta_1,\beta_2\}$$

$$\geqslant \beta_{\text{low}} = \frac{\min\{\beta_1,\beta_2\}}{8(1+\beta)}$$

由定理 5.1，可得

$$\mathbb{E}\left[T|x_0\right] \leqslant \frac{\alpha\left(x_0\right)}{\beta_{\text{low}}} \leqslant \frac{d_n}{\beta_{\text{low}}} = O\left(n\ln n\right)$$

证毕

5.6　本章小结

本章主要介绍进化算法时间复杂度分析领域中的漂移分析方法。漂移分析方法框架的三个主要步骤分别为定义距离函数、分析漂移量及推导计算时间复杂度，

其中距离函数也被称为漂移函数或势能函数。当考察漂移量的期望值与特定的常数值之间的关系时，对应的分析方法属于加式漂移分析方法。乘式漂移分析方法则探究漂移量与线性函数之间的大小关系，推导算法的计算时间复杂度。可变漂移分析进一步放宽条件，考察漂移量关于当前适应值的单调性。本章还以 (1+1)EA 算法求解线性函数为例，展示加式漂移分析方法的应用过程。

第 6 章 关系模型理论与方法

多数进化算法研究结果的局限性在于需要基于不可归约 Markov 性，即要求算法在无穷次迭代中能遍历问题的解空间。另外，已有研究多数只分析单种进化算法的收敛性，较少对比多种进化算法之间的收敛性。通过在收敛性方面建立等价关系和偏序关系数学模型，可以实现无须基于不可归约 Markov 性的收敛性分析。进化算法的计算时间复杂度分析是进化计算领域研究的一大热点。因此，本章重点介绍算法对比分析的两个数学工具：等态关系与强/弱态关系模型[59] 和等同关系模型[60]。

6.1 等态关系与强/弱态关系模型的理论与方法

等态关系与强/弱态关系模型主要用于分析进化算法在收敛性上的等价性与可比性。基于吸收态 Markov 性，满足等态关系的进化算法具有等价的收敛性，从而在收敛性意义上实现了进化算法的等价类划分。在等态关系基础上，建立了弱态和强态的偏序关系，提出了一种对比进化算法收敛性的数学工具——等态关系与强/弱态关系模型。

6.1.1 进化算法的等态关系模型

为了便于理解，本节首先给出基于生成与测试（generate-and-test）[61] 方法的进化算法框架。

算法 6-1　进化算法的基本流程

1: **初始化**：产生由 n 条染色体组成的初始种群 $P_t, t = 0$
2: 对种群 P_t 中的染色体逐一进行评估
3: 根据（父代）种群 P_t 产生一组染色体，形成（子代）种群 $\tilde{P}_t$
4: 对 $\tilde{P}_t$ 中的染色体逐一进行评估
5: 如果满足停止条件则输出最优解并终止算法

由算法 6-1 可知，染色体实质上是对所求问题的解的某种编码。给定问题 P 和求解 P 的进化算法 A，我们用 $P_t^{A,P}$ 表示 A 在进化过程中第 t 代的种群。对种群 $P_t^{A,P}$ 中的第 i 条合法染色体 $P_t^{A,P}(i)$，通过解码可以得到 P 的一个可行解。因而，种群 $P_t^{A,P}$ 与问题 P 的一组解相对应，形式上可用向量的形式表示为：

$\chi\left(P_t^{A,P}\right)=\left(\chi\left(P_t^{A,P}(1)\right),\chi\left(P_t^{A,P}(2)\right),\cdots,\chi\left(P_t^{A,P}(n)\right)\right)$。显然，这样的解向量和算法 A 的执行策略密切相关，并随着种群的进化而变化。若将这样的向量视为一个取值于某个状态空间的随机向量，则可以获得一个随机过程，该过程刻画了算法 A 求解 P 的进化过程。具体地，我们给出以下定义。

定义 6.1 (n 阶状态空间)　给定问题 P，设其可行解集为 FS^P。定义 $\Omega_n^P\triangleq\underbrace{FS^P\times FS^P\times\cdots\times FS^P}_{n}$ 为由 P 的可行解集所生成的 n 阶状态空间，其中 $\times$ 表示集合的笛卡儿积。

定义 6.2 (算法对应的随机过程)　设 A 是符合算法 6-1 生成与测试框架的用于求解问题 P 的进化算法，令 $\xi_t^{A,P}=\chi\left(P_t^{A,P}\right)$，即与 A 的第 t 代种群 $P_t^{A,P}$（通过某种解码）相对应的问题 P 的解向量，称 $\left\{\xi_t^{A,P}\right\}_{t=1}^{+\infty}$ 为算法 A 求解 P 的随机过程。

显然，当 A 的种群规模为 n 时，我们总有 $\xi_t^{A,P}\in\Omega_n^P(t=0,1,2,\cdots)$，因此，$\Omega_n^P$ 可以作为随机过程 $\left\{\xi_t^{A,P}\right\}_{t=1}^{+\infty}$ 的状态空间。进一步地，我们首先指出随机过程 $\left\{\xi_t^{A,P}\right\}_{t=1}^{+\infty}$ 的 Markov 性。

引理 6.1　设算法 A 的种群规模为 n，则在状态空间 Ω_n^P 中，$\left\{\xi_t^{A,P}\right\}_{t=1}^{+\infty}$ 具有 Markov 性。

证明　由算法 6-1 的算法流程可知，A 的第 $t+1$ 代种群 $P_{t+1}^{A,P}$ 是从第 t 代种群 $P_t^{A,P}$ 及其生成的子代种群 $\tilde{P}_t^{A,P}$ 中筛选出来的。因此，对于 $\forall\tilde{\Omega}\subseteq\Omega_n^P$ 和 $t=0,1,2,\cdots$，有 $P\left\{\xi_{n+1}^{A,P}\in\tilde{\Omega}\mid\xi_0^{A,P},\cdots,\xi_t^{A,P}\right\}=P\left\{\xi_{n+1}^{A,P}\in\tilde{\Omega}\mid\xi_t^{A,P}\right\}$。这表明 $\left\{\xi_t^{A,P}\right\}_{t=1}^{+\infty}$ 具有 Markov 性。

证毕

引理 6.1 的结论早在学者们[62] 研究遗传算法的收敛性时就被提出，用来描述进化算法 (算法 6-1) 具有 Markov 性。进化算法的主要目的是为了搜索问题的最优解，这意味着，我们需要如下关于最优状态空间的概念。

定义 6.3 (最优状态空间)　设 Ω_n^P 是 $\left\{\xi_t^{A,P}\right\}_{t=1}^{+\infty}$ 的状态空间，称 $\Omega_n^{P,\mathrm{opt}}\subseteq\Omega_n^P$ 为相应的最优状态空间，若对于 $\forall V\in\Omega_n^{P,\mathrm{opt}}$，$V$ 中包含一个分量是问题 P 的最优解。

显然，当 $P\left\{\xi_t^{A,P}\in\Omega_n^{P,\mathrm{opt}}\right\}=1$ 时，进化算法 A 能在有限时间内（第 t 次

迭代）找到问题的最优解；而当 $\lim\limits_{t\to+\infty} P\left\{\xi_t^{A,P} \in \Omega_n^{P,\mathrm{opt}}\right\} = 1$ 时，进化算法可以在迭代时间趋于无穷时找到问题的最优解。在此基础上，我们给出进化算法收敛的概念。

定义 6.4 (算法收敛) 设 $\left\{\xi_t^{A,P}\right\}_{t=1}^{+\infty}$ 为算法 A 求解 P 的随机过程，相应的最优状态空间为 $\Omega_n^{P,\mathrm{opt}}$。若 $\lim\limits_{t\to+\infty} P\left\{\xi_t^{A,P} \in \Omega_n^{P,\mathrm{opt}}\right\} = 1$ 成立，则称进化算法 A 是收敛的。

不难发现，在前面的描述中，我们通过使用上标来强调随机过程 $\left\{\xi_t^{A,P}\right\}_{t=1}^{+\infty}$ 不仅与问题 P 有关，还与算法 A 有关。为了便于研究，我们作进一步的假设。首先，假定要求解的问题 P 是一个离散优化问题，它的可行解集为 $FS^P = \{s_i | i = 1, 2, \cdots\}$。其次，假定 $\mathrm{EAs} = \{A_1, A_2, \cdots, A_k\}$ 是用于求解问题 P 的 k 个不同进化算法的集合，其中每个进化算法在实现时对应的种群规模不超过 N。如前所述，随机过程 $\left\{\xi_t^{A,P}\right\}_{t=1}^{+\infty}$ 的状态空间 Ω_n^P 和算法种群规模有关，而不同的算法可能选择不同的种群规模。因此，如果要对多个算法进行统一研究，就需要一个扩展的状态空间，以适用于所有种群规模不超过 N 的进化算法。具体地，给定问题 P，我们将扩展的状态空间定义为

$$\Omega^P \triangleq \Omega_1^P \cup \Omega_2^P \cup \cdots \cup \Omega_N^P$$

显然，经过这样的处理，各个算法对应的随机过程不仅具有相同的状态空间 Ω^P，也具有相同的最优状态空间，形式上可记为 $\Omega^{P,\mathrm{opt}}$。此外，由于状态空间 Ω^P 是离散的，由引理 6.1 可知，EAs 中的每个进化算法对应一个 Markov 链。本节接下来的内容就是基于这些具有相同状态空间的 Markov 链对相应的进化算法进行比较研究。给定问题 P，为了便于描述，在后文中，我们将去掉符号上标处的 P（例如，Ω^P 和 $\Omega^{P,\mathrm{opt}}$ 将分别简记为 Ω 和 Ω^{opt}）。

下面将在笛卡儿积 EAs×EAs 上构造一个等态关系。为此，此处先引入以下两个辅助定义。

定义 6.5 (非衰退序列) 若 $\sigma_t > 0$ 且 $\prod\limits_{t=0}^{+\infty} (1 - \sigma_t) = 0$，则称实序列 $\{\sigma_t\}_{t=0}^{+\infty}$ 是非衰退的。

定义 6.6 (可达状态集 α) 设进化算法 A 对应的 Markov 链为 $\left\{\xi_t^A\right\}_{t=1}^{+\infty}$，对给定的非衰退序列 $\alpha = \{\alpha_t\}_{t=0}^{+\infty}$，称 $\Xi_t^A(\alpha) = \{\omega \mid P\left(\xi_t^A = \omega \mid \xi_{t-1}^A \notin \Omega^{\mathrm{opt}}\right) \geqslant \alpha, \omega \in \Omega\}$ 为 A 在第 t 次迭代的 α 可达状态集 ($t = 1, 2, \cdots$)。

其中，$\Xi_t^A(\alpha)$ 包含的状态是进化算法 A 可以在第 t 次迭代以非 0 概率达到的，而且这个概率不衰退为 0。

定义 6.7（等态关系）　给定进化算法集合 EAs，对 EAs 中任意两个算法 A 和 B（对应的随机过程分别为 $\{\xi_t^A\}_{t=1}^{+\infty}$ 和 $\{\xi_t^B\}_{t=1}^{+\infty}$），若对于任意的非衰退序列 α 都存在另一个非衰退序列 β，使得 $\Xi_t^A(\alpha) \cap \Omega^{\text{opt}} = \Xi_t^B(\beta) \cap \Omega^{\text{opt}}(t = 1, 2, \cdots)$ 成立，则称进化算法 A 等态于 B，记为 $A \cong B$，而 $\cong$ 称为 EAs×EAs 上的一个等态关系。

如果两个进化算法满足等态关系，则两个算法在每次迭代时以非衰退概率产生的种群集合与最优状态集合的交集是一样的。相应的直观解释为算法 A 与算法 B 能达到的最优状态是一致的。虽然如此，算法 A 和 B 达到最优状态所需的时间可能不一样，即等态关系的性质与收敛速率无关。下面证明等态关系是 EAs×EAs 上的等价关系。

定理 6.1　等态关系 $\cong$ 是 EAs × EAs 的一个等价关系。

证明　（1）自反性。显然，对任意 $A \in$ EAs，有 $A \cong A$。

（2）对称性。对任意 $A, B \in$ EAs，根据定义 6.7，有 $A \cong B \Leftrightarrow B \cong A$。

（3）传递性。对任意 $A, B, C \in$ EAs，当 $A \cong B$ 时，即对于任意非衰退序列 α 都存在一个非衰退序列 β 使得 $\Xi_t^A(\alpha) \cap \Omega^{\text{opt}} = \Xi_t^B(\beta) \cap \Omega^{\text{opt}}(t = 1, 2, \cdots)$ 成立。这意味着存在一个非衰退序列 γ 使得 $\Xi_t^B(\beta) \cap \Omega^{\text{opt}} = \Xi_t^C(\gamma) \cap \Omega^{\text{opt}}(t = 1, 2, \cdots)$ 成立。由此可知，$\Xi_t^A(\alpha) \cap \Omega^{\text{opt}} = \Xi_t^C(\gamma) \cap \Omega^{\text{opt}}(t = 1, 2, \cdots)$ 也成立，即 $A \cong B, \quad B \cong C \Rightarrow A \cong C$。

证毕

既然等态关系 $\cong$ 是 EAs × EAs 上的一个等价关系，那么我们可以据此对 EAS 中的算法进行分类，得到以下等态类的概念。

定义 6.8（等态类）　给定进化算法集合 EAs，$\cong$ 是 EAs × EAs 上的等态关系，则称集合 $[A]_{\cong} = \{B \mid B \in$ EAs $\land A \cong B\}$ 为进化算法 $A \in$ EAs 在 EAs 上诱导的等态类。

6.1.2　基于等态关系的进化算法收敛性等价分析

等态关系实现了对进化算法的一个等价类划分，同类的进化算法有可能搜索到的最优状态集（包含最优解的种群状态集）是一致的。如果允许足够多次实验且迭代次数无限，同一等态类中的进化算法都能达到一致的最优状态。下面证明等态类中进化算法在收敛性上的这一特点。

首先，需要引入吸收态 Markov 链的定义[21]。

定义 6.9（吸收态 Markov 链）　给定 Markov 链 $\{\xi_t\}_{t=0}^{+\infty}$，相应的最优状态空间为 Ω^{opt}，若有 $P\{\xi_{t+1} \notin \Omega^{\text{opt}} \mid \xi_t \in \Omega^{\text{opt}}\} = 0(t = 1, 2, \cdots)$，则称 $\{\xi_t\}_{t=0}^{+\infty}$ 是吸收态的。

吸收态 Markov 链一旦到达最优状态空间，就会吸附在其中永远不会出来。

Eiben 等[63] 用 Markov 链证明了保留最优个体 (Elitist)GA 的概率性全局收敛之后，许多进化算法的设计都采用 Elitist 保留策略，这些算法都可以建模为吸收态 Markov 链。定义 6.9 的模型适合绝大多数的进化算法。

结合非衰退实序列，满足吸收态 Markov 性的进化算法 A 有引理 6.2 所描述的性质。

引理 6.2 给定算法 A 对应的吸收态 Markov 链 $\left\{\xi_t^A\right\}_{t=1}^{+\infty}$，若存在 $t' \geqslant 0$ 使得当 $t \geqslant t'$ 时，有 $P\left\{\xi_t^A \in \Omega^{\text{opt}} \mid \xi_{t-1}^A \notin \Omega^{\text{opt}}\right\} \geqslant \alpha_t$ 且 $\{\alpha_t\}_{t=1}^{+\infty}$ 为非衰退的，则算法 A 收敛。

证明 若存在 $t' \geqslant 0$ 使得当 $t \geqslant t'$ 时有
$$P\left\{\xi_t^A \in \Omega^{\text{opt}} \mid \xi_{t-1}^A \notin \Omega^{\text{opt}}\right\} \geqslant \alpha_t$$
则也有 $P\left\{\xi_t^A \notin \Omega^{\text{opt}} \mid \xi_{t-1}^A \notin \Omega^{\text{opt}}\right\} \leqslant 1 - \alpha_t$。

若记 $\bar{P}_t^A = \prod_{i=0}^{t-1} P\left\{\xi_{i+1}^A \notin \Omega^{\text{opt}} \mid \xi_i^A \notin \Omega^{\text{opt}}\right\}$，则有 $\lim_{t \to \infty} \bar{P}_t^A \leqslant \prod_{t=0}^{+\infty}(1 - \alpha_t)$。又 $\prod_{t=0}^{+\infty}(1 - \alpha_t) = 0$，所以 $\lim_{t \to \infty} \bar{P}_t^A = 0$。这表明，$A$ 在迭代时间趋于无穷时必能到达最优状态空间。

因为 $\left\{\xi_t^A\right\}_{t=1}^{+\infty}$ 是吸收态 Markov 链，根据定义 6.9 有
$$P\left\{\xi_t^A \notin \Omega^{\text{opt}} \mid \xi_{t-1}^A \in \Omega^{\text{opt}}\right\} = 0 (t = 1, 2, \cdots)$$
亦即
$$P\left\{\xi_t^A \in \Omega^{\text{opt}} \mid \xi_{t-1}^A \in \Omega^{\text{opt}}\right\} = 1 (t = 1, 2, \cdots)$$
据此，利用全概率公式，可得

$$
\begin{aligned}
&P\left\{\xi_t^A \notin \Omega^{\text{opt}}\right\} \\
&= P\left\{\xi_t^A \notin \Omega^{\text{opt}} \mid \xi_{t-1}^A \notin \Omega^{\text{opt}}\right\} P\left\{\xi_{t-1}^A \notin \Omega^{\text{opt}}\right\} \\
&\quad + P\left\{\xi_t^A \notin \Omega^{\text{opt}} \mid \xi_{t-1}^A \in \Omega^{\text{opt}}\right\} P\left\{\xi_{t-1}^A \in \Omega^{\text{opt}}\right\} \\
&= P\left\{\xi_t^A \notin \Omega^{\text{opt}} \mid \xi_{t-1}^A \notin \Omega^{\text{opt}}\right\} P\left\{\xi_{t-1}^A \notin \Omega^{\text{opt}}\right\} \\
&= P\left\{\xi_0^A \notin \Omega^{\text{opt}}\right\} \prod_{i=0}^{t-1} P\left\{\xi_{i+1}^A \notin \Omega^{\text{opt}} \mid \xi_i^A \notin \Omega^{\text{opt}}\right\} \\
&= P\left\{\xi_0^A \notin \Omega^{\text{opt}}\right\} \bar{P}_t^A
\end{aligned}
$$

注意到 $\lim_{t \to \infty} \bar{P}_t^A = 0$，利用上式，有 $\lim_{t \to \infty} P\left\{\xi_t^A \notin \Omega^{\text{opt}}\right\} = 0$。

进而，有 $\lim_{t \to \infty} P\left\{\xi_t^A \in \Omega^{\text{opt}}\right\} = 1 - \lim_{t \to \infty} P\left\{\xi_t^A \notin \Omega^{\text{opt}}\right\} = 1$。

证毕

引理 6.2 源自早期学者研究 EP 收敛性时的类似结论[21,64-66]，这里对此进行重新阐述，主要是为了说明进化算法收敛的一个充分条件。利用引理 6.2，我们可得到下面的定理 6.2，它揭示了等态关系模型与进化算法收敛性之间的联系。

定理 6.2　给定进化算法集合 EAs，$[A]_{\cong}$ 是由 $A \in$ EAs 在 EAs 上诱导的等态类。假设有某一 $\bar{A} \in [A]_{\cong}$ 是收敛的，对任意 $A \in [A]_{\cong}$，若对应的随机过程 $\{\xi_t^A\}_{t=0}^{+\infty}$ 为吸收态 Markov 链，则 A 也收敛。

证明　（1）首先，对于 $\bar{A}$，存在 $t' \geqslant 0$ 和非衰退序列 α 使得当 $t \geqslant t'$ 时有 $\Xi_t^A(\alpha) \cap \Omega^{\mathrm{opt}} \neq \varphi$。若不然，则对于任意 $t' \geqslant 0$ 和非衰退序列 α，都存在一个 $t_0 > t'$ 使得 $\Xi_{t_0}^A(\alpha) \cap \Omega^{\mathrm{opt}} = \varphi$，即有 $P\{\xi_{t_0}^{\bar{A}} \in \Omega^{\mathrm{opt}}\} = 0$，据此，$\lim\limits_{t \to \infty} P\{\xi_t^A(P) \in \Omega^{\mathrm{opt}}\} = 1$ 不能成立，并导致与 $\tilde{A} \in [A]_{\cong}$ 的收敛事实矛盾。

（2）其次，对任意 $\tilde{A} \in [A]_{\cong}$，显然有 $\tilde{A} \cong \bar{A}$。根据定义 6.7，对于任意的非衰退序列 α，都存在一个非衰退序列 β 使得 $\Xi_t^A(\alpha) \cap \Omega^{\mathrm{opt}} = \Xi_t^A(\beta) \cap \Omega^{\mathrm{opt}} \neq \varphi (t > t')$。再根据定义 6.6，有 $P\{\Xi_i^A(\alpha) \cap \Omega^{\mathrm{opt}} \neq \varphi\} \geqslant \alpha_t$，所以，$P\{\xi_t^A \in \Omega^{\mathrm{opt}} \mid \xi_{t-1}^A \notin \Omega^{\mathrm{opt}}\} \geqslant \beta_t (t > t')$ 而且 $\prod\limits_{t=0}^{+\infty}(1 - \beta_t) = 0$。由于 $\tilde{A}$ 对应的随机过程 $\{\xi_t^A\}_{t=0}^{+\infty}$ 为吸收态 Markov 链，由引理 6.2 可知 $\tilde{A}$ 收敛。

　　　　　　　　　　　　　　　　　　　　　　　　　　　　　　　　证毕

定理 6.2 说明，在等态类中，具有吸收态 Markov 链性质的进化算法具有共同收敛的性质。这也说明，只要证明了等态类中一个进化算法的收敛性，就能得到同类其他进化算法 (具有吸收态 Markov 链性质) 的收敛性。进化算法一般都具有吸收态 Markov 链的性质，定理 6.2 反映了一个事实：如果要分析一个进化算法 (满足吸收态 Markov 链性质) 是否收敛，可以通过研究其所在等态类中的其他进化算法的收敛性以达到研究目的。推论 6.1 从另一角度反映了这一事实。

推论 6.1　给定进化算法集合 EAs，$[A]_{\cong}$ 是由 $A \in$ EAs 在 EAs 上诱导的等态类，若存在 $\tilde{A} \in [A]_{\cong}$ 对应的 $\{\xi_t^A\}_{t=0}^{+\infty}$ 为吸收态 Markov 链且 $\tilde{A}$ 不收敛，则任意 $\tilde{A} \in [A]_{\cong}$ 也不收敛。

推论 6.1 体现了具有吸收态 Markov 链性质的进化算法与等态类中其他算法的另一个有趣关系：若存在一个进化算法 (满足吸收态 Markov 性) 不收敛，则该算法所属等态类中的所有进化算法均不收敛。也就是说，要证明等态类中的进化算法都不收敛，只需要证明类中一个具有吸收态 Markov 性的进化算法不收敛即可。在实际中，只要采用精英保留等改进，便可以使进化算法具有吸收态 Markov 链的性质。

6.1.3　基于强/弱态关系的进化算法收敛性对比

基于等态关系，可以给出相应的偏序关系，用于进化算法收敛性的对比。

定义 6.10（强/弱态关系）　给定进化算法集合 EAs，对 EAs 中任意两个算法 A 和 B（对应的随机过程分别为 $\{\xi_t^A\}_{t=1}^{+\infty}$ 和 $\{\xi_t^B\}_{t=1}^{+\infty}$），若对于任意的非衰退序列 α 都存在另一个非衰退序列 β 使得 $\Xi_t^A(\alpha) \cap \Omega^{\mathrm{opt}} \subseteq \Xi_t^B(\beta) \cap \Omega^{\mathrm{opt}}(t=1,2,\cdots)$ 成立，则称 A 弱态于 B，记为 $A \prec B$，或 B 强态于 A，记为 $B \succ A$。

强/弱态关系的直观解释：若 $A \prec B$，则算法 A 能找到的最优解，算法 B 也能找到；反之，算法 B 能找到的最优解，算法 A 不一定能找到。由定义 6.10 可知，$\prec$ 满足反自反、非对称且传递，所以，强/弱态是一种偏序关系。下面的定理和推论刻画了满足强/弱态关系的两个进化算法在收敛性方面的关系。

定理 6.3　给定进化算法集合 EAs，对 EAs 中任意两个算法 A 和 B，若 $A \prec B$ 且 A 收敛，而 B 对应的 $\{\xi_t^B\}_{t=1}^{+\infty}$ 为吸收态 Markov 链，则 B 也收敛。

证明　（1）类似定理 6.2 证明的第一部分，可证得对于 A 存在 $t' \geqslant 0$ 和非衰退序列 α，当 $t \geqslant t'$ 时，有 $\Xi_t^A(\alpha) \cap \Omega^{\mathrm{opt}} \neq \varphi$。

（2）根据定义 6.10，由 $A \prec B$ 可知，当 $t \geqslant t'$ 时，$\Xi_t^A(\alpha) \cap \Omega^{\mathrm{opt}} \subseteq \Xi_t^B(\beta) \cap \Omega^{\mathrm{opt}}$，其中 α 和 β 均为非衰退序列。此外，根据定义 6.7，可知 $P\{\Xi_t^B(\beta) \cap \Omega^{\mathrm{opt}} \neq \varphi\} \geqslant \beta_t$。因此，当 $t \geqslant t'$ 时，有 $P\{\xi_t^B \in \Omega^{\mathrm{opt}} \mid \xi_{t-1}^B \notin \Omega^{\mathrm{opt}}\} \geqslant \beta_t$。

考虑到 $\{\xi_t^B\}_{t=1}^{+\infty}$ 为吸收态 Markov 链，根据引理 6.2，可知 B 是收敛的。

证毕

定理 6.3 也表明，只要证明了一个进化算法的收敛性，即可得到强态于该算法的其他具有吸收态 Markov 链性质的进化算法的收敛性。与定理 6.2 类似，定理 6.3 的一个直接作用是：如果难以分析一个吸收态过程进化算法是否收敛，可以转而研究弱态于该算法的其他算法的收敛性。下面的推论 6.2 则给出了另一个方向的结论。

推论 6.2　给定进化算法集合 EAs，若 $A \in$ EAs 对应的 $\{\xi_t^A\}_{t=1}^{+\infty}$ 为吸收态 Markov 链且 A 不收敛，则 EAs 中弱态于 A 的算法皆不收敛。

推论 6.2 表明：若具有吸收态 Markov 链性质的进化算法不收敛，则导致弱态于该算法的其他算法不可能收敛。也就是说，要证明某个进化算法不收敛，只需要证明链中强态于该算法的一个具有吸收态 Markov 性的进化算法不收敛即可。

6.1.4　基于等态关系的进化算法收敛判别定理

下面基于等态关系模型给出进化算法的收敛判别定理，并相应提出进化算法收敛性改进的基本思想。

推论 6.3　给定算法 A 对应的吸收态 Markov 链 $\{\xi_t^A\}_{t=1}^{+\infty}$，若存在 $t' \geqslant 0$ 和非衰退序列 α，使得当 $t \geqslant t'$ 时 $\Xi_t^A(\alpha) \cap \Omega^{\mathrm{opt}} \neq \varphi$ 成立，则 A 收敛。

证明　根据定义 6.5，$\Xi_t^A(\alpha) \cap \Omega^{\mathrm{opt}} \neq \varphi(t > t')$ 成立意味着当 $t \geqslant t'$ 时必然存在某一状态 $\omega_t \in \Omega^{\mathrm{opt}}$ 使得 $P\left(\xi_t^A = \omega_t \mid \xi_{t-1}^A \notin \Omega^{\mathrm{opt}}\right) \geqslant \alpha_t$，$P(\xi_t^A \in \Omega_t^{\mathrm{opt}} \mid \xi_{t-1}^A \notin$

$\Omega^{\mathrm{opt}}) \geqslant \alpha_t$。注意到 α 为非衰退序列，即 $\prod\limits_{t=0}^{+\infty} (1 - \alpha_t) = 0$。因此，由引理 6.2 可知 A 是收敛的。

证毕

推论 6.3 给出了一个进化算法收敛的判定原则。注意，这里的证明并不要求 Markov 链（过程）的状态转移矩阵是不可归约的。推论 6.3 条件比以往学者提出的收敛性分析条件[67-75] 要弱；以往收敛分析条件可以简单表示为存在 $t' \geqslant 0$ 和非衰退序列 α，当 $t \geqslant t'$ 时，$\Xi_t^A(\alpha) = \Omega^{\mathrm{opt}}$。这个条件要求进化算法对应的 Markov 链在迭代时间趋于无穷时至少一次遍历整个状态空间（不可归约性），显然比推论 6.3 条件要苛刻。因此，本小节得到了一种新型的收敛性判别条件。若满足吸收态 Markov 链性的进化算法收敛，算法产生的可达状态集与最优状态集从某次迭代开始都能有交集，即存在 $t' \geqslant 0$ 和非衰退序列 α 使得当 $t \geqslant t'$ 时有 $\Xi_t^A(\alpha) \bigcap \Omega^{\mathrm{opt}} \neq \varphi$。

然而，在实际算法设计中，最优状态集 Ω^{opt} 一般是未知的。所以，对于满足吸收态 Markov 链 (过程) 的进化算法，直接的改进方案就是设计一个强态于原算法的进化算法。具体分析如下。

给定两个进化算法 A 和 B，B 是 A 的修改版本，满足 $B \succ A$ 而且对应的随机过程具有吸收态 Markov 性。当存在序列 α 满足定义 6.5 且存在 V 满足 $V \in \Omega^{\mathrm{opt}} \wedge V \in \Xi_t^A(\alpha)(t = 1, 2, \cdots)$ 时，由 $B \succ A$ 的性质有 $V \in \Xi_t^B(\beta)$，即此时可以认为 B 在收敛方面不亚于 A。

不仅如此，当 $\forall V \in \Omega^{\mathrm{opt}} \wedge V \notin \Xi_t^A(\alpha)$ 且 $\exists \tilde{V} \in \Omega^{\mathrm{opt}} \wedge \tilde{V} \in \Xi_t^B(\beta)(t = 1, 2, \cdots)$ 时，B 的收敛性能优于 A。

当然，因为这种基于强态关系的改进可能增加计算代价，所以在设计更强态进化算法进行收敛性改进时，需要考虑增加的计算量，才能得到最有效的改进效果。计算量的分析属于进化算法的另一理论主题——计算时间复杂度研究，这方面的研究[37,39,76] 在其他章节进行了讨论。

6.1.5　案例分析

本节根据经典进化算法设计，给出满足等态关系和强/弱态关系的算法例子。

1. 采用不同变异算子的四个 (1+1)EA 算法

(1+1)EA 算法符合算法 6-1 框架，其特点是种群规模为 1，变异为 1-位取反，无交叉算子。因为 (1+1)EA 算法结构简单，其分析曾经出现在多位学者的理论研究中[11,13,58,77-79]。以极大化问题为例，算法框架如算法 6-2 所示。

本小节研究四个具有不同变异算子的 (1+1)EA 算法。

（1）EA-I 算法在变异上采用逐位取反，即每一个 b_i 都有 1/2 的概率取反。

（2）EA-II 算法同样采用逐位取反，对每一个 b_i 有 $1/n$ 的概率取反。

（3）EA-III 算法则仅随机选择一个 b_i 取反。

（4）EA-IV 算法的变异采用插入变异，即随机选择一个 b_i 将其插入另外一个随机选择的位置 b_j 之前：$(b_1, \cdots, b_j, \cdots, b_i, \cdots, b_n) \to (b_1, \cdots, b_i, b_j, \cdots, b_n)$。

算法 6-2 $(1+1)$EA 算法流程

1: **初始化**：随机产生一个 0-1 串染色体。每个染色体记为 $(b_1, \cdots, b_m)$，$b_i \in \{0, 1\}, i = 1, \cdots, m$

2: **选择**：如果子代染色体在适应值上优于父代染色体，则取代之成为当前染色体；否则保留原父代染色体。如果停止条件满足则输出最优解

3: **变异**：通过变异算子产生一个子代染色体。跳转至第 2 步选择

四个算法在其他方面的设计一致，四种变异算子的设计可以参考文献 [75] 和 [80]。以四个 $(1+1)$EA 算法为例是因为这些算法都是进化算法理论研究的经典对象，并不代表研究提出的等态关系模型仅适用于这些 $(1+1)$EA 算法。理论上，只要满足算法 6-1 生成与测试框架的进化算法均可用等态关系模型来进行分析。

2. 满足等态关系的进化算法举例

例 6.1 EA-I 与 EA-II 的关系。

由于两个算法采用相同的初始化设置，所以，基于同样的初始状态时，两个算法可达的状态集也是相等的。从选择策略上，EA-I 和 EA-II 对应的随机过程都是吸收态 Markov 链。命题 6.1 给出了这一结论。

命题 6.1 EA-I 等态于 EA-II，即 EA-I≅EA-II。

证明 假设进化算法 EA-I 和 EA-II 对应的随机过程分别为 $\left\{\xi_t^{A_1}\right\}_{t=1}^{+\infty}$ 和 $\left\{\xi_t^{A_2}\right\}_{t=1}^{+\infty}$。因为 EA-I 和 EA-II 都是采用 0-1 编码染色体 $(b_1, \cdots, b_m)$，所以 $\left\{\xi_t^{A_1}\right\}_{t=1}^{+\infty}$ 和 $\left\{\xi_t^{A_2}\right\}_{t=1}^{+\infty}$ 都属于离散状态空间 $\tilde{\Omega}$，$\tilde{\Omega}$ 中每一个元素都是 m 维 0-1 串。记 $\tilde{\Omega}^{\mathrm{opt}}$ 是最优状态空间，对于 $\forall V \in \tilde{\Omega}^{\mathrm{opt}}$ 和 $t = 0, 1, \cdots$，假设 V 与 $\xi_t^{A_1}$ 有 m_1 个位置不同，V 与 $\xi_t^{A_2}$ 有 m_2 个位置不同。所以，根据两个算法的变异算子，可以计算

$$P\left\{\xi_{t+1}^{A_1} = V \mid \xi_t^{A_1} \notin \tilde{\Omega}^{\mathrm{opt}}\right\} = \begin{pmatrix} m \\ m_1 \end{pmatrix}^{-1} \cdot \left(\frac{1}{2}\right)^{m_1} \cdot \left(\frac{1}{2}\right)^{m-m_1} = \alpha_t^{(1)} \quad (6\text{-}1)$$

$$P\left\{\xi_{t+1}^{A_2} = V \mid \xi_t^{A_2} \notin \tilde{\Omega}^{\mathrm{opt}}\right\} = \begin{pmatrix} m \\ m_2 \end{pmatrix}^{-1} \cdot \left(\frac{1}{n}\right)^{m_2} \cdot \left(1 - \frac{1}{n}\right)^{m-m_2} = \alpha_t^{(2)} \quad (6\text{-}2)$$

易证 $\left\{\alpha_t^{(1)}\right\}_{t=0}^{+\infty}$，$\left\{\alpha_t^{(2)}\right\}_{t=0}^{+\infty}$ 满足非衰退性，下面证明两个算法的等态关系。

根据定义 6.6, 由于 V 的任意性, $\Xi_t^{A_1}\left(\alpha^{(1)}\right)\cap\tilde{\Omega}^{\mathrm{opt}}\neq\varphi$ 和 $\Xi_t^{A_2}\left(\alpha^{(2)}\right)\cap\tilde{\Omega}^{\mathrm{opt}}\neq$ φ 成立。对于任意非衰退实序列 $\beta^{(1)}=\left\{\beta_t^{(1)}\right\}$ 满足 $\beta_t^{(1)}>\alpha_t^{(1)}$, 存在非衰退实序列 $\beta^{(2)}=\left\{\beta_t^{(2)}\right\}$ 满足 $\beta_t^{(2)}>\alpha_t^{(2)}$, 使得 $\Xi_t^{A_1}\left(\beta^{(1)}\right)\bigcap\tilde{\Omega}^{\mathrm{opt}}=\Xi_t^{A_2}\left(\beta^{(2)}\right)\bigcap\tilde{\Omega}^{\mathrm{opt}}=$ $\varphi(t=0,1,\cdots)$ 成立；类似地, 对任意 $\gamma^{(1)}=\left\{\gamma_t^{(1)}\right\}$ 满足 $\gamma_t^{(1)}\leqslant\alpha_t^{(1)}$, 存在 $\gamma^{(2)}=\left\{\gamma_t^{(2)}\right\}$ 满足 $\gamma_t^{(2)}\leqslant\alpha_t^{(2)}$, 使得 $\Xi_t^{A_1}\left(\gamma^{(1)}\right)\cap\tilde{\Omega}^{\mathrm{opt}}=\Xi_t^{A_2}\left(\gamma^{(2)}\right)\cap\tilde{\Omega}^{\mathrm{opt}}=$ $\varphi(t=0,1,\cdots)$；反之亦然。由定义 6.6 可知, EA-I 等态于 EA-II, 即 EA-I≅EA-II。

证毕

命题 6.1 说明了 EA-I 和 EA-II 虽然有不同的变异算子, 但是在等态意义下是相同的。根据引理 6.2, $\left\{\xi_t^{A_1}\right\}_{t=0}^{+\infty}$ 和 $\left\{\xi_t^{A_2}\right\}_{t=0}^{+\infty}$ 都是 Markov 链。根据 (1+1)EA 算法的选择策略, 两种进化算法一旦找到最优解 (适值最大) 就会保持到永远, 所以, 根据定义 6.8, $\left\{\xi_t^{A_1}\right\}_{t=0}^{+\infty}$ 和 $\left\{\xi_t^{A_2}\right\}_{t=0}^{+\infty}$ 都是吸收态 Markov 链。根据定理 6.2, 若 EA-I 收敛, EA-II 也收敛；反之亦然 (根据推论 6.1)。

3. 满足强/弱态的关系进化算法举例

例 6.2　EA-II 与 EA-III 的关系。

命题 6.2　EA-II 强态于 EA-III, 即 EA-II≻EA-III。

证明　假设进化算法 EA-II 和 EA-III 对应的随机过程分别为 $\left\{\xi_t^{A_2}\right\}_{t=0}^{+\infty}$ 和 $\left\{\xi_t^{A_3}\right\}_{t=0}^{+\infty}$。类似定理 6.2 证明过程, 记 $\tilde{\Omega}^{\mathrm{opt}}\subseteq\tilde{\Omega}$ 是最优状态空间, 对于 $\forall V\in\tilde{\Omega}^{\mathrm{opt}}$ 和 $t=0,1,\cdots$, 假设 V 与 $\xi_t^{A_2}$ 有 m_2 个位置不同, V 与 $\xi_t^{A_3}$ 有 m_3 个位置不同。$P\left\{\xi_{t+1}^{A_2}=V\mid\xi_t^{A_2}\notin\tilde{\Omega}^{\mathrm{opt}}\right\}$ 计算如式 (6-2), 而 $P\left\{\xi_{t+1}^{A_3}=V\mid\xi_t^{A_3}\notin\tilde{\Omega}^{\mathrm{opt}}\right\}$ 计算如式 (6-3)

$$P\left\{\xi_{t+1}^{A_3}=V\mid\xi_t^{A_3}\notin\tilde{\Omega}^{\mathrm{opt}}\right\}=\begin{cases}\left(\dfrac{1}{m}\right)^{m_3}, & (m_3=0,1) \\ 0, & (m_3>1)\end{cases}=\alpha_{t+1}^{(3)} \qquad (6\text{-}3)$$

其中 $0<\alpha_t^{(2)},\alpha_t^{(3)}\leqslant 1(t=1,2,\cdots)$, 而且 $\prod\limits_{t=0}^{+\infty}\left(1-\alpha_t^{(2)}\right)=0$, 但是 $\prod\limits_{t=0}^{+\infty}\left(1-\alpha_t^{(3)}\right)=0$ 只有在 $m_3=0,1$ 时成立。据定义 6.6, $V\in\Xi_t^{A_2}\left(\alpha^{(2)}\right)$ 成立, 而 $V\in\Xi_t^{A_3}\left(\alpha^{(3)}\right)$ 也只有在 $m_3=0,1$ 时成立。由于 V 的任意性, 对 $\forall V\in\tilde{\Omega}^{\mathrm{opt}}$, 若 $V\in\Xi_t^{A_3}\left(\alpha^{(3)}\right)$, 则 $V\in\Xi_t^{A_2}\left(\alpha^{(2)}\right)$；若 $V\in\Xi_t^{A_2}\left(\alpha^{(2)}\right)$, 则 $V\in\Xi_t^{A_3}\left(\alpha^{(3)}\right)$ 只有在 $m_3=0,1$ 时成立, 即不一定成立。所以, 对于任意非衰退实序列 $\beta^{(3)}=\left\{\beta_t^{(3)}\right\}$ 满足 $\beta_t^{(3)}>\alpha_t^{(3)}$, 存在非衰退实序列 $\beta^{(2)}=\left\{\beta_t^{(2)}\right\}$ 满足 $\beta_t^{(2)}>\alpha_t^{(2)}$ 使得 $\Xi_t^{A_2}\left(\beta^{(2)}\right)\cap\tilde{\Omega}^{\mathrm{opt}}\supseteq$

$\Xi_t^{A_3}\left(\beta^{(3)}\right) \cap \tilde{\Omega}^{\mathrm{opt}} = \varphi$ 对 $t = 1, 2, \cdots$ 成立。类似地，对任意 $\gamma^{(3)} = \left\{\gamma_t^{(3)}\right\}$ 满足 $\gamma_t^{(3)} \leqslant \alpha_t^{(3)}\ (m_3 = 0, 1)$ 和 $0 < \gamma_t^{(3)} < 1\ (m_3 > 1)$，存在 $\gamma^{(2)} = \left\{\gamma_t^{(2)}\right\}$ 满足 $\gamma_t^{(2)} \leqslant \alpha_t^{(2)}$，使得 $\Xi_t^{A_2}\left(\gamma^{(2)}\right) \cap \tilde{\Omega}^{\mathrm{opt}} \supseteq \Xi_t^{A_3}\left(\gamma^{(3)}\right) \cap \tilde{\Omega}^{\mathrm{opt}} = \varphi$。反之亦然。因此，EA-II 强态于 EA-III，即 EA-II≻EA-III。

证毕

命题 6.2 说明采用随机一位变异方式的 EA-III 是弱态于采用逐位变异方式的 EA-II。根据引理 6.1，$\left\{\xi_t^{\varepsilon A_3}\right\}_{t=0}^{+\infty}$ 也是 Markov 链。根据 (1+1)EA 算法的选择策略，进化算法 EA-III 一旦找到最优解 (适值最大) 就会保持到永远，所以，根据定义 6.9，$\left\{\xi_t^{\varepsilon A_3}\right\}_{t=0}^{+\infty}$ 也是吸收态 Markov 链。根据命题 6.2，若 EA-III 收敛，EA-II 也收敛；根据推论 6.2，若 EA-II 不收敛，则 EA-III 也不收敛。

例 6.3 EA-I、EA-II 与 EA-IV 的关系。

因为 EA-I、EA-II 和 EA-IV 三个算法的初始化设置一样，它们的初始化可达状态集相等。当基于相同状态时，如基于所有基因位取值为 1 的初始状态 $(1, \cdots, 1)$，EA-I 和 EA-II 可以达到含有 "0" 的状态，但是 EA-IV 则不能。因此，可以得出命题 6.3。

命题 6.3 EA-IV 弱态于 EA-II 和 EA-I，即 EA-IV $\prec$ EA-II $\cong$ EA-I。

证明 假设进化算法 EA-II 和 EA-IV 对应的随机过程分别为 $\left\{\xi_t^{\varepsilon A_2}\right\}_{t=0}^{+\infty}$ 和 $\left\{\xi_t^{\varepsilon A_4}\right\}_{t=0}^{+\infty}$。类似定理 6.4 证明过程，记 $\tilde{\Omega}^{\mathrm{opt}} \subseteq \tilde{\Omega}$ 是最优状态空间，对于 $\forall V \in \tilde{\Omega}^{\mathrm{opt}}$ 和 $t = 0, 1, \cdots$，假设 V 与 $\xi_t^{A_2}$ 有 m_2 个位置不同，V 与 $\xi_t^{A_4}$ 有 m_4 个位置不同。$P\left\{\xi_{t+1}^{A_2} = V \mid \xi_t^{A_2} \notin \tilde{\Omega}^{\mathrm{opt}}\right\}$ 计算如式 (6-2)，当 $\xi_t^{A_4}$ 可以通过一次插入变异达到 V 时，

$$P\left\{\xi_{t+1}^{A_4} = V \mid \xi_t^{A_4} \notin \tilde{\Omega}^{\mathrm{opt}}\right\} = \frac{1}{m} \cdot \frac{1}{m-1} = \alpha_{t+1}^{(4)} \tag{6-4}$$

而当 $\xi_t^{A_4}$ 无法可以通过一次插入变异达到 V 时，$P\left\{\xi_{t+1}^{A_4} = V \mid \xi_t^{A_4} \notin \tilde{\Omega}^{\mathrm{opt}}\right\} = 0$。

其中 $\alpha_t^{(2)}, \alpha_t^{(4)} > 0\,(t = 1, 2, \cdots)$，而且 $\prod\limits_{t=0}^{+\infty}\left(1 - \alpha_t^{(2)}\right) = 0$，但是 $\prod\limits_{t=0}^{+\infty}\left(1 - \alpha_t^{(4)}\right)$ $= 0$ 只有在 $\xi_t^{A_4}$ 可以通过一次插入变异达到 V 时才能保证成立。根据定义 6.6，$V \in \Xi_t^{A_2}\left(\alpha^{(2)}\right)$ 成立，而 $V \in \Xi_t^{A_4}\left(\alpha^{(4)}\right)$ 也只有 $\xi_t^{A_4}$ 可以通过一次插入变异达到 V 时成立。由于 V 的任意性，对 $\forall V \in \tilde{\Omega}^{\mathrm{opt}}$，若 $V \in \Xi_t^{A_4}\left(\alpha^{(4)}\right)$，则 $V \in \Xi_t^{A_2}\left(\alpha^{(2)}\right)$，若 $V \in \Xi_t^{A_2}\left(\alpha^{(2)}\right)$，则 $V \in \Xi_t^{A_4}\left(\alpha^{(4)}\right)$ 不一定成立。所以，类似命题 6.1 和命题 6.2 对应的证明，对任意非衰退序列 $\beta^{(4)}$ 存在一个非退序列 $\beta^{(2)}$，使得对 $t = 1, 2, \cdots$，都有 $\Xi_t^{A_2}\left(\beta^{(2)}\right) \bigcap \tilde{\Omega}^{\mathrm{opt}} \supseteq \Xi_t^{A_4}\left(\beta^{(4)}\right) \bigcap \tilde{\Omega}^{\mathrm{opt}}$ 成立。因此，EA-II 强态于 EA-IV，即

EA-IV $\prec$ EA-II $\cong$ EA-I。

证毕

命题 6.3 说明了采用插入变异方式的 EA-IV 也是弱态于采用逐位变异的 EA-II。考虑 EA-IV 对应的随机过程也属于吸收态 Markov 链，根据推论 6.2，如果 EA-IV 收敛，那么 EA-I 和 EA-II 也必然收敛。根据推论 6.2，若 EA-I 和 EA-II 不收敛，EA-IV 也肯定不收敛。

6.2　等同关系模型的理论与方法

本节将进化算法模型建模为随机过程，基于等价关系的性质，提出了等同关系模型，以该模型作为判定进化算法在期望首达时间上是否等价的标准，实现了不同进化算法在期望首达时间上的等价类划分。此外，在等同关系模型的基础上，本节提出了一种便于进化算法对比分析的数学工具——性能对比不等式，为不同算法期望首达时间的对比分析提供了依据。首达时间（first-hitting time）指的是进化算法首次搜索到最优解时的计算时间（或称迭代次数）[20]，它是研究进化算法计算时间的主要指标[13,81]。国内外学者在这个指标的基础理论方面进行了较深入的研究。

6.2.1　期望首达时间的随机过程模型

本节重点讨论的是进化算法的随机过程模型，首先给出所用符号的说明：设 S 为可行解的有限集合，S 中的任意一个元素称为一个解或一个个体，一个或多个个体组成一个种群，一个规模为 N 的种群记为 $X = \{x_1, x_2, \cdots, x_N\}, x_i \in S, i = 1, 2, \cdots, N$。

设 P 为所有种群的集合，P_{opt} 为包含最优解的种群集合。进化算法通过对种群的迭代操作来寻找最优解，具体的求解流程如算法 6-3 所示。

在进化算法中，每一次迭代一般由两步组成，分别为通过变异操作或交叉操作和通过选择操作。设 $X_t = \{x_1^t, x_2^t, \cdots, x_N^t\}, t = 0, 1, \cdots$ 为进化算法的第 t 代种群，则序列 $\{X_t, t = 0, 1, \cdots\}$ 可以作为一个在种群集合 P 取值的随机过程。根据上述进化算法的求解流程可知，第 $t+1$ 代种群 X_{t+1} 是从第 t 代种群 X_t 以及通过变异或交叉算子生成的子代种群 X_t' 中选择出来，且不受之前种群的影响，因此序列 $\{X_t, t = 0, 1, \cdots\}$ 是 Markov 过程，即具有 Markov 性[46,67,82]。显然，对于满足 Markov 性的随机过程 $\{X_t, t = 0, 1, \cdots\}$，如果进化算法满足 $P\{X_t \in P_{\text{opt}}\} = 1, t < +\infty$，那么可以说该算法在有限迭代时间内可以找到最优解。以此为基础，本节给出进化算法收敛的概念。

算法 6-3 进化算法的框架

1: **输入**：目标函数和解的长度
2: **输出**：目前为止的最优解
3: 生成初始种群 $X_0 = \{x_1, x_2, \cdots, x_N\}, t = 0$
4: 对种群 X_0 中的个体进行评价
5: **while** X_t 中不包含最优解 **do**
6:      对 X_t 中的个体进行变异（或交叉）操作，生成子代种群 X_t'
7:      对子代种群 X_t' 中的个体进行评价
8:      从 $X_t' \cup X_t$ 或 X_t' 中进行选择操作，生成新一代种群 X_{t+1}
9:      $t = t + 1$
10: **end while**

定义 6.11 (进化算法收敛) 设 $\left\{X_t^A, t = 0, 1, \cdots\right\}$ 为进化算法 A 对应的 Markov 过程，$X_t^A \in P$ 且 $P_{\text{opt}} \subseteq P$，若 $\lim\limits_{t \to +\infty} P\left\{X_t^A \in P_{\text{opt}}\right\} = 1$，则称进化算法 A 收敛。

进化算法首达时间描述的是首次以概率 1 找到最优解的时间。本节基于 Markov 链的性质，给出了等价的期望首达时间定义。

定义 6.12 (期望首达时间) 设 $\left\{X_t^A, t = 0, 1, \cdots\right\}$ 为进化算法 A 对应的 Markov 过程，$X_t^A \in P$ 且 $P_{\text{opt}} \subseteq P$，令 h 为一个随机变量，若 $h = \min\{t | P\{X_t^A \in P_{\text{opt}}\} = 1\}$，则称 h 为进化算法 A 的首达时间，其数学期望为期望首达时间，记为 E_h^A。

根据吸收态 Markov 链的定义[21]，若随机过程 $\left\{X_t^A, t = 0, 1, \cdots\right\}$ 满足 Markov 性，且有 $P\{X_{t+1} \notin P_{\text{opt}} \mid X_t \in P_{\text{opt}}\} = 0$，$t = 1, 2, \cdots$，则称该随机过程为吸收态的。也就是说，若 X_t 包含了最优解，那么 X_{t+i} 亦包含最优解，其中 $i = 1, 2, \cdots$。鉴于此，下文给出了进化算法期望首达时间的随机过程模型。

定理 6.4 (期望首达时间的随机过程模型) 设 $\left\{X_t^A, t = 0, 1, \cdots\right\}$ 为 A 对应的吸收态 Markov 过程，且 $P_{\text{opt}} \subseteq P$，令 $\lambda_t^A = P\left\{X_t^A \in P_{\text{opt}}\right\}$，若算法 a 收敛，则进化算法的期望首达时间可表示为

$$E_h^A = \sum_{t=0}^{+\infty} \left(1 - \lambda_t^A\right) \tag{6-5}$$

证明 若 $\left\{X_t^A, t = 0, 1, \cdots\right\}$ 为吸收态 Markov 过程，则对 $t = 0, 1, \cdots$ 有
$\lambda_t^A = P\left\{X_t^A \in P_{\text{opt}}\right\}$
$= P\{h \leqslant t\}$
$\Rightarrow \lambda_t^A - \lambda_{t-1}^A = P\{h \leqslant t\} - P\{h \leqslant t-1\} \Rightarrow P\{h = t\} = \lambda_t^A - \lambda_{t-1}^A$
则

$$E_h^A = 0 \cdot P\{h = 0\} + \sum_{t=1}^{+\infty} t \cdot P\{h = t\} = \sum_{t=1}^{+\infty} t \cdot P\{h = t\}$$

即

$$
\begin{aligned}
E_h^A &= \sum_{t=1}^{+\infty} t \cdot \left(\lambda_t^A - \lambda_{t-1}^A \right) \\
&= \lim_{n \to +\infty} \sum_{t=1}^{n} t \cdot \left(\lambda_t^A - \lambda_{t-1}^A \right) \\
&= \lim_{n \to +\infty} \left(\left(\lambda_1^A - \lambda_0^A \right) + 2 \left(\lambda_2^A - \lambda_1^A \right) + \cdots + n \left(\lambda_n^A - \lambda_{n-1}^A \right) \right) \\
&= \lim_{n \to +\infty} \left(- \left(\lambda_0^A + \lambda_1^A + \lambda_2^A + \cdots + \lambda_{n-1}^A \right) + n \lambda_n^A \right) \\
&= \lim_{n \to +\infty} \sum_{t=0}^{n-1} \left(\lambda_n^A - \lambda_t^A \right) \\
&= \sum_{t=0}^{+\infty} \left(\lim_{n \to +\infty} \left(\lambda_n^A - \lambda_t^A \right) \right) \\
&= \sum_{t=0}^{+\infty} \left(1 - \lambda_t^A \right)
\end{aligned}
$$

因此，$E_h^A = \sum_{t=0}^{+\infty} \left(1 - \lambda_t^A \right)$ 成立。

证毕

通过定理 6.4 建立的随机过程模型可以刻画进化算法的期望首达时间，其中，期望首达时间 E_h^A 指的是进化算法 A 平均首次搜索到最优解的计算时间（或称迭代次数），λ_t^A 表示进化算法 A 在第 t 次迭代过程中搜索到最优解的概率。

6.2.2　进化算法的等同关系模型

本节将在期望首达时间的随机过程模型基础上建立等同关系模型，用于分析进化算法在期望首达时间上的等价关系，下面首先介绍等同关系的定义。

定义 6.13（等同关系）　已知 S_{EA} 为给定的非空进化算法集合，设 $\tilde{R} \subseteq S_{\mathrm{EA}} \times S_{\mathrm{EA}}$，对于 $\forall a, b \in S_{\mathrm{EA}}$ 对应的吸收态 Markov 过程分别为 $\left\{ X_t^A, t = 0, 1, \cdots \right\}$ 和 $\left\{ X_t^B, t = 0, 1, \cdots \right\}$。若对于 $\lambda_t^A = P\left\{ X_t^A \in P_{\mathrm{opt}} \right\}$ 和 $\lambda_t^B = P\left\{ X_t^B \in P_{\mathrm{opt}} \right\} < 1$ 满足

$$\sum_{t=0}^{+\infty} \left(1 - \lambda_t^A \right) / \sum_{t=0}^{+\infty} \left(1 - \lambda_t^B \right) = C \tag{6-6}$$

其中，C 为非负常数，则称进化算法 A 等同于进化算法 B，记为 $a\tilde{R}b$。$\tilde{R}$ 称为 S_{EA} 上的等同关系。

$a\tilde{R}b$ 表明，当进化算法 A 和 B 的期望首达时间为有限定值时，它们在期望首达时间上可以视作等同；当进化算法 A 和 B 的期望首达时间为非有限定值（不收敛或非有限时间收敛）时，进化算法 A 和 B 的正向级数之和同阶情况下，它们的期望首达时间也可以视作等同。因此，满足等同关系的进化算法，其时间复杂度在期望条件下是相同的。定理 6.5 给出等同关系是等价关系的定理。

定理 6.5 (等同关系是等价关系) 已知 S_{EA} 为给定的非空进化算法集合，且 $\tilde{R}$ 为 S_{EA} 上的等同关系，那么 $\tilde{R}$ 是一个等价关系。

证明 （1）自反性。对于 $\forall a \in S_{\mathrm{EA}}$，有 $a\tilde{R}a$，所以 $\tilde{R}$ 满足自反性。

（2）对称性。对于 $\forall a,b \in S_{\mathrm{EA}}$，据定义 6.13，有 $a\tilde{R}b \Rightarrow b\tilde{R}a$，所以 $\tilde{R}$ 满足对称性。

（3）传递性。对于 $\forall a,b \in S_{\mathrm{EA}}$，当 $a\tilde{R}b$ 且 $b\tilde{R}c$ 时，根据定义 6.13，有 $a\tilde{R}b \wedge b\tilde{R}c \Rightarrow a\tilde{R}c$，所以 $\tilde{R}$ 满足传递性。因此 $\tilde{R}$ 是一个等价关系。

$$\text{证毕}$$

根据定理 6.5 的证明过程可知，等同关系 $\tilde{R}$ 满足二元关系的自反性、对称性和传递性，因此，可以认为 $\tilde{R}$ 为非空进化算法集合 S_{EA} 上的等价关系。

因为等同关系 $\tilde{R}$ 在期望首达时间上也是一个等价关系，可以实现对 S_{EA} 中进化算法的等价类划分，本节给出等同等价类的定义，如下所示。

定义 6.14 (等同等价类) 已知 S_{EA} 为给定的非空进化算法集合，$\tilde{R} \subseteq S_{\mathrm{EA}} \times S_{\mathrm{EA}}$，对 $\forall a \in S_{\mathrm{EA}}$，令

$$[a]_{\tilde{R}} = \left\{ b \mid b \in S_{\mathrm{EA}} \wedge a\tilde{R}b \right\} \tag{6-7}$$

则称 $[a]_{\tilde{R}}$ 为进化算法 A 关于 $\tilde{R}$ 的等同等价类。

定义 6.15 (算法有限时间收敛) 已知 S_{EA} 为给定的非空进化算法集合，$\forall a \in S_{\mathrm{EA}}$ 且收敛，若存在确定的正整数 M，使得 A 对应的期望首达时间 $E_h^A < M$，则称进化算法 A 有限时间收敛。

通过定义 6.14 和定义 6.15，可以将进化算法集合根据算法的期望首达时间进行等价类划分，下面给出相关定理。

定理 6.6 (等同等价类中进化算法的收敛性) 已知 S_{EA} 为给定的非空进化算法集合，对于 $\forall a \in S_{\mathrm{EA}}$ 满足吸收 Markov 过程，假设等同等价类 $[a]_{\tilde{R}}$ 中有一个进化算法在有限时间收敛，则 $[a]_{\tilde{R}}$ 中的全部进化算法在有限时间均收敛，且期望首达时间等同。

证明 根据定义 6.15，令 $x \in [a]_{\tilde{R}}$ 在有限时间收敛，对于 $\forall y \in [a]_{\tilde{R}}$，由定义 6.13 可知，$\sum\limits_{t=0}^{+\infty} (1 - \lambda_t^x) = C \sum\limits_{t=0}^{+\infty} (1 - \lambda_t^y)$，其中，$\lambda_t^x = P\{X_t^x \in P_{\mathrm{opt}}\}$ 和

$\lambda_t^y = P\{X_t^y \in P_{\mathrm{opt}}\}$。因为 x 在有限时间收敛，所以 $\sum\limits_{t=0}^{+\infty}(1-\lambda_t^y) < M$，即级数

$\sum\limits_{t=0}^{+\infty}(1-\lambda_t^y)$ 收敛。根据正项级数收敛的必要条件，$\lim\limits_{t\to\infty}(1-\lambda_t^y)=0$，即 $\lim\limits_{t\to\infty}\lambda_t^y=$

$\lim\limits_{t\to\infty}P\{X_t^y \in P_{\mathrm{opt}}\}=1$，因此，进化算法收敛。根据定理 6.4，进化算法期望首达

时间 $E_h^y = \sum\limits_{t=0}^{+\infty}(1-\lambda_t^y)$，即进化算法 y 在有限时间收敛。因此，$[a]_{\tilde{R}}$ 中的全部进

化算法在有限时间均收敛，且期望首达时间等同。

证毕

定理 6.6 说明了在等同等价类中，满足吸收 Markov 过程性质的进化算法具有在有限时间共同收敛的性质，即只要证明等同等价类中一个进化算法有限时间收敛，便可得到等同等价类中其他进化算法（满足吸收 Markov 过程性质）在有限时间均收敛。定理 6.6 还反映出一个事实，要分析一个进化算法（满足吸收 Markov 过程性质）是否在有限时间收敛，可以通过分析其所在等价类中的其他进化算法是否有限时间收敛来达到相同的目的。

6.2.3　性能对比不等式

目前为止，进化算法的性能对比主要通过统计实验方法来实现，对于首达时间的对比分析主要针对特殊案例进行研究[59,83]。本节根据上述等同关系模型，提出一种基于期望首达时间的直接对比分析工具——性能对比不等式，用于实现不同进化算法间性能的对比分析。

定理 6.7（进化算法的性能对比不等式）　已知 S_{EA} 为给定的非空进化算法集合，对于 $\forall a,b \in S_{\mathrm{EA}}$，对应的吸收 Markov 过程分别为 $\{X_t^A, t=0,1,\cdots\}$ 和 $\{X_t^B, t=0,1,\cdots\}$，且同属于种群集合 P。记 $\lambda_t^A = P\{X_t^A \in P_{\mathrm{opt}}\}$ 和 $\lambda_t^B = P\{X_t^B \in P_{\mathrm{opt}}\}$，其中 $P_{\mathrm{opt}} \subseteq P$；若 A 和 B 收敛，且性能对比不等式

$$\sum_{t=0}^{+\infty}\left(1-\lambda_t^A\right) \Big/ \sum_{t=0}^{+\infty}\left(1-\lambda_t^B\right) > 1 \tag{6-8}$$

成立，则有 $E_h^A > E_h^B$，也就是说，进化算法 B 在期望首达时间上比进化算法 A 更快收敛到 P_{opt}。

证明　通过以下三种情况进行证明，根据已知条件 $\forall a,b \in S_{\mathrm{EA}}$，且满足吸收 Markov 过程，可得

（1）当进化算法 A 和 B 均能在有限时间收敛时，由定义 6.15 可知，$\sum\limits_{t=0}^{+\infty}\left(1-\lambda_t^A\right) <$

M 且 $\sum\limits_{t=0}^{+\infty}\left(1-\lambda_t^B\right) < M$，根据定理 6.4，$E_h^A = \sum\limits_{t=0}^{+\infty}\left(1-\lambda_t^A\right)$ 和 $E_h^B = \sum\limits_{t=0}^{+\infty}\left(1-\lambda_t^B\right)$，

即性能对比不等式比较的是期望首达时间,时间短为优,因此,若 $\sum\limits_{t=0}^{+\infty}\left(1-\lambda_t^A\right)/\sum\limits_{t=0}^{+\infty}$ $\left(1-\lambda_t^B\right)>1$ 成立,则 $E_h^A>E_h^B$,结论成立。

(2)当进化算法 A 和 B 均收敛且其中仅有一个进化算法在有限时间收敛时,如果性能对比不等式 $\sum\limits_{t=0}^{+\infty}\left(1-\lambda_t^A\right)/\sum\limits_{t=0}^{+\infty}\left(1-\lambda_t^B\right)>1$ 成立,则必有 $\sum\limits_{t=0}^{+\infty}\left(1-\lambda_t^A\right)>$ M 且 $\sum\limits_{t=0}^{+\infty}\left(1-\lambda_t^B\right)<M$,即进化算法 A 不满足有限时间收敛,而进化算法 B 在有限时间收敛,因此,根据定理 6.4,$E_h^A>E_h^B$,结论成立。

(3)当进化算法 A 和 B 均收敛,但都不满足有限时间收敛时,根据定义 6.15,两个进化算法的期望首达时间均为无穷大,若性能对比不等式 $\sum\limits_{t=0}^{+\infty}\left(1-\lambda_t^A\right)/\sum\limits_{t=0}^{+\infty}$ $\left(1-\lambda_t^B\right)>1$ 成立,则进化算法 A 的期望首达时间的无穷大阶数大于进化算法 B,即在无穷级数意义上,$E_h^A>E_h^B$ 成立。

证毕

定理 6.7 说明了在非空进化算法集合中,如果任意两个进化算法(满足吸收 Markov 过程性质)都收敛,根据性能对比不等式可以判断这两个进化算法在期望首达时间上的收敛性能。定理 6.7 的证明也说明了,性能对比不等式是基于期望首达时间的计算理论而提出的一种方法,但当进行比较的进化算法期望首达时间是正无穷时,可以通过性能对比不等式比较两个无穷大的阶来实现算法的性能对比。

在定理 6.7 中,分别通过三种收敛情况进行了证明分析。由于性能对比不等式是以等同关系模型为基础所建立的,不需要借用距离函数等辅助工具就可以实现进化算法在期望首达时间上的直接比较,因而在理论上实现了不同进化算法的直接对比分析。当对比的进化算法均收敛时,采用本节所提的性能对比不等式可以实现期望首达时间的准确比较。

6.2.4 案例分析

本节根据经典进化算法的设计,分别通过设计不同选择算子和不同变异算子的 (1+1)EA 算法对不同目标函数的平均计算时间进行展开分析。

1. 不同选择算子的 (1+1)EA 算法

在进行案例分析之前,首先给出目标函数 1 的描述:设 $X=\{x_1,x_2,\cdots,x_m\}$,$x_i\in\{0,1\},i=1,2,\cdots,m$。当 X 中 1 的个数为奇数时,$f_1(X)$ 为 1 的个数;当 X 中的 1 的个数为偶数时,$f_1(X)$ 为 1 的个数的 1/2。

假设二进制串长度 m 为奇数,显然,该函数的最优解为二进制串全为 1,即 $X=\{1,1,\cdots,1\}$。本节通过不同进化算法求解同一目标函数来实现算法性能的对比。(1+1)EA 算法符合算法 1 的通用框架, 且具有种群规模为 1、算法结构简单便于分析等特点, 因此, 本节选用 (1+1)EA 算法进行案例分析, 算法 6-4 给出了不同选择算子的 (1+1)EA 算法流程框架。

算法 6-4　不同选择算子的 $(1+1)$EA 算法框架

1: **输入**: 目标函数 $f_1(X)$ 和解的长度 m

2: **输出**: 目前为止的最优解

3: 生成 1 个 m 位全为 0 的二进制串作为初始种群, 记为 $X_0 = \{0, 0, \cdots, 0\}$, $t = 0$

4: 对种群 X_0 中的个体进行评价

5: **while** X_t 中不包含最优解 **do**

6: 　**变异操作**: 通过将父代 X_t 以 $\dfrac{1}{m}$ 的概率随机选择一个 0-位取反, 生成子代种群 X_t'

7: 　对子代种群 X_t' 中的个体进行评价

8: 　**选择操作**: 通过适应度函数进行选取, 生成新一代种群 X_{t+1}, 其中不同选择算子: EA-I: 择优选择, 若 $f_1(X_t) < f_1(X_t')$, 则 $X_{t+1} = X_t'$, 否则, $X_{t+1} = X_t$; EA-II: 按适应值比例选择, 根据 $P(X_{t+1} = X_t') = f_1(X_t')/(f_1(X_t) + f(X_t'))$, 且 $P(X_{t+1} = X_t) = f_1(X_t)/(f_1(X_t) + f_1(X_t'))$ 进行选取

9: 　$t = t + 1$

10: **end while**

下面通过性能对比不等式来分析 (1+1)EA 算法分别在 EA-I 和 EA-II 情况下的性能对比, 为了便于分析, 首先给出了两种进化算法在迭代过程的对比情况, 如表 6-1 所示。

表 6-1　EA-I 和 EA-II 迭代过程的对比情况

迭代次数	$1 - \lambda_t^{\mathrm{I}}$	$1 - \lambda_t^{\mathrm{II}}$
$t = 0$	1	1
$t = 1$	1	1
$t = 2$	1	1
$\cdots$	$\cdots$	$\cdots$
$t = m$	1	$1 - \left(\dfrac{1}{m}\right)^m R_t$
$t > m$	1	$1 - \dbinom{t}{t-m} \left(\dfrac{1}{m}\right)^m \cdot \left(1 - \dfrac{1}{m}\right)^{t-m} R_t$

由算法 6-4 可知, 两种算法EA-I和EA-II的初始种群相同, 因此当 $t = 0$ 时, $\lambda_t^{\mathrm{I}} = \lambda_t^{\mathrm{II}} = 0$。当 $t < m$ 时, EA-I 和EA-II均不能通过一次迭代达到最优, 因此, $\lambda_t^{\mathrm{I}} = \lambda_t^{\mathrm{II}} = 0$。当 $t = m$ 时, EA-II 每次都可能搜索到更优的二进制串并通过选择机制进入下一代种群, 而EA-I则因为偶数个 1 的二进制串适应值小于奇数个 1 的二进制串而在某个奇数个 1 的状态下停滞不前, 即 $\lambda_t^{\mathrm{II}} = (1/m)^m R_t > \lambda_t^{\mathrm{I}} = 0$, 其中, $R_t = \prod\limits_{i=1}^{t} \left(f_1(X_i') / (f_1(X_i) + f_1(X_i'))\right)$。同理, 当 $t > m$ 时, 有 $\lambda_t^{\mathrm{II}} > \lambda_t^{\mathrm{I}} = 0$,

因此，$\sum_{t=0}^{+\infty}\left(1-\lambda_t^{\mathrm{I}}\right) / \sum_{t=0}^{+\infty}\left(1-\lambda_t^{\mathrm{II}}\right) > 1$ 成立，根据定理 6.7，EA-II 在期望首达时间上比EA-I 更快收敛到 P_{opt}。

为了验证理论分析的可行性，下面通过算法 6-4 中不同选择算子的 (1+1)EA 算法求解目标函数 $f_1(X)$ 来进行实验观察。实验对选择算子 EA-I 和 EA-II 对应的 (1+1)EA 算法作对比分析。为了得到一个整齐分析结果的算例，令初始种群均为 $X_0 = \{0, 0, \cdots, 0\}$，即初始种群设置为全 0 的二进制串，种群规模设置为 1，分别对解的长度 $m = 10$ 和 $m = 19$ 进行试验分析，在初始种群和解的长度不变的情况下重复运行 30 次来求平均计算时间。不同选择算子对应的 (1+1)EA 算法的对比试验结果如图 6-1 和图 6-2 所示。

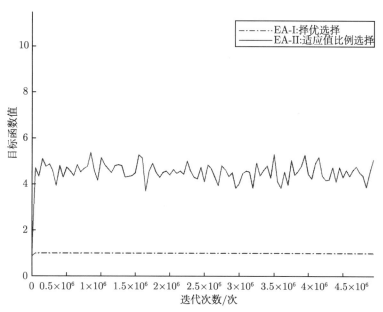

图 6-1　$m = 10$ 时 EA-I 和 EA-II 的平均计算时间对比分析结果（初始种群相同）

图 6-1 和图 6-2 分别给出了 $m = 10$ 和 $m = 19$ 的实验对比结果，针对所给的目标函数 $f_1(X)$，在初始种群相同的情况下算法 6-4 中算法采用EA-II（适应值比例选择算子）搜索最优解的平均计算时间快于EA-I（择优选择算子），且EA-I 在奇数 1 的状态会停滞不前，这与理论分析的结果一致。通过对实验结果的观察可知，EA-I 与EA-II的对比差异越明显。这进一步验证了等同关系模型和性能对比不等式的可行性。

为了分析初始种群随机生成对EA-I与EA-II的性能对比是否有影响，也为了进一步验证本节所提方法的有效性，我们将初始种群设置为随机生成，解的长度

设为 $m = 19$，为了便于比较分析，其他条件不变 [算法为EA-I 和EA-II 对应的 (1+1)EA 算法，种群规模为 1，目标函数为 $f_1(X)$，运行次数为 30 次]，在初始种群随机生成情况下EA-I 与EA-II 的对比试验结果如图 6-3 所示。

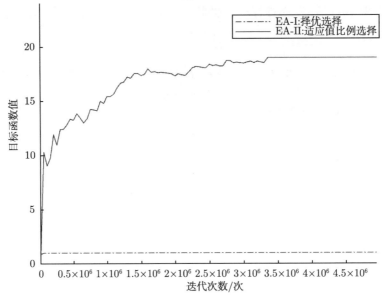

图 6-2　$m = 19$ 时 EA-I 和 EA-II 的平均计算时间对比分析结果（初始种群相同）

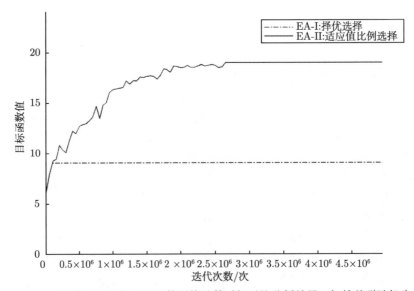

图 6-3　$m = 19$ 时 EA-I 和 EA-II 的平均计算时间对比分析结果（初始种群随机生成）

图 6-3 表明, 针对不同选择算子的 (1+1)EA 算法的对比分析问题, 由于初始种群的随机性, EA-I (择优选择算子) 在迭代开始的平均计算时间快于EA-II (适应值比例选择算子), 但随着迭代次数的增加, 算法 6-4 中算法采用EA-II (适应值比例选择算子) 搜索到最优解的平均计算时间将快于EA-I (择优选择算子), 因此, 初始种群随机生成情况并没有影响进化算法的整体性能对比分析结果。这与理论分析的结果一致, 进一步验证了定理 6.7 的正确性与有效性。

2. 不同变异算子的 (1+1)EA 算法

本部分通过设计不同变异算子的 (1+1)EA 算法来分析本节所提理论方法的可行性, 首先给出不同变异算子的 (1+1)EA 算法流程。

算法 6-5 不同变异算子的 $(1+1)$EA 算法流程
1: **输入**: 目标函数 $f_1(X)$ 和解的长度 m
2: **输出**: 目前为止的最优解
3: 生成 1 个 m 位全为 0 的二进制串作为初始种群, 记为 $X_0 = \{0, 0, \cdots, 0\}, t = 0$
4: 对种群 X_0 中的个体进行评价
5: **while** X_t 中不包含最优解 **do**
6:     **变异操作**: 通过将 X_t 进行变异操作, 生成子代种群 X'_t, 其中不同变异算子 EA-a: 通过将 X_t 以每一位 $\frac{1}{m}$ 的概率进行逐位取反, 生成子代种群 X'_t;

    EA-b: 通过将 X_t 以每一位 $\frac{1}{m}$ 的概率选一位进行取反, 生成子代种群 X'_t;
7:     对子代种群 X'_t 中的个体进行评价
8:     **选择操作**: 通过适应度函数进行择优选取, 生成新一代种群 X_{t+1}, 其中选择算子采用算法 6-4 中的 EA-I(择优选择)
9:     $t = t + 1$
10: **end while**

为了便于分析算法 EA-a 和 EA-b 的性能, 本节给出更具体的进化算法期望首达时间计算方法。

定理 6.8 (期望首达时间的计算定理) 已知 S_{EA} 为给定的非空进化算法集合, 对于 $\forall a, b \in S_{\mathrm{EA}}$, 对应的吸收 Markov 过程为 $\{X_t^A, \quad t = 0, 1, \cdots\}$, 令 $p_t^A = P\{X_t^A \in P_{\mathrm{opt}} \mid X_{t-1}^A \notin P_{\mathrm{opt}}\}$, 则

$$E_h^A = \sum_{t=0}^{+\infty} \left[\left(1 - \lambda_0^A\right) \prod_{i=1}^{t} \left(1 - p_i^A\right) \right] \tag{6-9}$$

证明 由定理 6.4 可知,

$$\lambda_t^A = P\{X_t^A \in P_{\mathrm{opt}}\} = P\{h \leqslant t\}$$

因此有

$$\lambda_t^A = \left(1 - \lambda_{t-1}^A\right) P\left\{X_t^A \in P_{\text{opt}} \mid X_{t-1}^A \notin P_{\text{opt}}\right\} + \lambda_{t-1}^A P\left\{X_t^A \in P_{\text{opt}} \mid X_{t-1}^A \in P_{\text{opt}}\right\}$$

因为 $\left\{X_t^A, t = 0, 1, \cdots\right\}$ 为吸收态 Markov 链，满足

$$P\left\{X_t^A \in P_{\text{opt}} \mid X_{t-1}^A \in P_{\text{opt}}\right\} = 1$$

所以

$$\lambda_t^A = \left(1 - \lambda_{t-1}^A\right) p_t^A + \lambda_{t-1}^A$$

因此有

$$
\begin{aligned}
1 - \lambda_t^A &= 1 - \lambda_{t-1}^A - \left(1 - \lambda_{t-1}^A\right) p_t^A \\
&= \left(1 - p_t^A\right)\left(1 - \lambda_{t-1}^A\right) \\
&= \left(1 - \lambda_0^A\right) \prod_{i=1}^{t} \left(1 - p_i^A\right)
\end{aligned}
$$

所以

$$
\begin{aligned}
E_h^A &= \sum_{t=0}^{+\infty} \left(1 - \lambda_t^A\right) \\
&= \sum_{t=0}^{+\infty} \left(\left(1 - \lambda_0^A\right) \prod_{i=1}^{t} \left(1 - p_i^A\right)\right)
\end{aligned}
$$

证毕

根据定理 6.8 可知，进化算法的期望首达时间由 λ_0^A 和 p_t^A 决定，其中，λ_0^A 表示进化算法 A 初始化过程中搜索到最优解的概率，p_t^A 表示进化算法 A 在第 $t-1$ 次迭代过程中未搜索到最优解的条件下而在第 t 次迭代搜索到最优解的概率。定理 6.8 可以用来简化 λ_t^A 的分析难度，通过将 λ_t^A 进行分解来推导出 $E_h^A = \sum_{t=0}^{+\infty}\left(1 - \lambda_i^A\right)$ 的具体计算方法。下面给出目标函数 2：设 $f_2(X) = w_0 + \sum_{i=1}^{n} w_i x_i$，其中 $X = \{x_1, x_2, \cdots, x_n\}$ ，$x_i \in \{0, 1\}, i = 1, 2, \cdots, n$，权重 $w_1 \geqslant w_2 \geqslant \cdots \geqslant w_n > 0, w_0 \geqslant 0$。该函数的最优解为二进制串全为 1，即 $X = \{1, 1, \cdots, 1\}$。

下面通过性能对比不等式来分析 (1+1)EA 算法分别在 EA-a 和 EA-b 情况下的性能。设算法 EA-a 和 EA-b 对应的随机过程 $\left\{X_t^A, t = 0, 1, \cdots\right\}$ 和 $\left\{X_t^B, t = 0, 1, \cdots\right\}$ 满足吸收态 Markov 性且初始种群相同，根据定理 6.8，令

$$p_t^A = P\left\{X_t^A \in P_{\text{opt}} \mid X_{t-1}^A \notin P_{\text{opt}}\right\}$$

$$p_t^B = P\left\{X_t^B \in P_{\text{opt}} \mid X_{t-1}^B \notin P_{\text{opt}}\right\}$$

因为

$$\lambda_t^A = \left(1 - \lambda_{t-1}^A\right) p_t^A + \lambda_{t-1}^A$$

所以有

$$1 - \lambda_t^A = 1 - \lambda_{t-1}^A - \left(1 - \lambda_{t-1}^A\right) p_t^A$$

则

$$1 - \lambda_t^A = \left(1 - p_t^A\right)\left(1 - \lambda_{t-1}^A\right)$$

$$= \left(1 - \lambda_0^A\right) \prod_{i=1}^{t}\left(1 - p_t^A\right)$$

令 $q_t^A = \prod\limits_{i=1}^{t}\left(1 - p_t^A\right)$，为了便于分析，下面给出 EA-a 和 EA-b 两种进化算法在迭代过程中的对比情况，如表 6-2 所示。

表 6-2　EA-a 和 EA-b 迭代过程的对比情况

迭代次数	$1 - \lambda_t^A$	$1 - \lambda_t^B$
$t = 0$	1	1
$t = 1$	$\left(1 - \lambda_0^A\right) q_1^A$	1
$\vdots$	$\vdots$	$\vdots$
$t = m$	$\left(1 - \lambda_0^A\right) q_m^A$	$1 - \left(\dfrac{1}{m}\right)^m$
$t > m$	$\left(1 - \lambda_0^A\right) q_t^A$	$1 - \begin{pmatrix} t \\ t - m \end{pmatrix}\left(1 - \dfrac{1}{m}\right)^{t-m}\left(\dfrac{1}{m}\right)^m$

表 6-2 中根据 EA-a 和 EA-b 两种进化算法的迭代情况对 $1 - \lambda_t^A$ 和 $1 - \lambda_t^B$ 进行了详细的描述，下面通过推导的方式对 EA-a 和 EA-b 的性能对比情况展开讨论。

根据定理 6.8，结合表 6-2 的描述，得到

$$\sum_{t=0}^{N}\left(1 - \lambda_t^A\right) = \sum_{t=1}^{N}\left(1 - \left(\frac{1}{m}\right)^{l(t)}\left(1 - \frac{1}{m}\right)^{m-l(t)}\right)$$

$$\sum_{t=0}^{N}\left(1 - \lambda_t^B\right) = \sum_{t=m}^{N}\left(1 - \begin{pmatrix} t \\ t - m \end{pmatrix}\left(1 - \frac{1}{m}\right)^{t-m}\left(\frac{1}{m}\right)^m\right)$$

已知 $l(t)$ 表示第 t 次迭代时二进制位中 1 的个数，m 表示解的长度（二进制串的长度），所以有 $m \geqslant l(t)$，于是

$$\left(\frac{1}{m-1}\right)^{l(t)} \geqslant \left(\frac{1}{m-1}\right)^m$$

则

$$
\frac{\sum\limits_{t=0}^{N}\left(1-\lambda_t^A\right)}{\sum\limits_{t=0}^{N}\left(1-\lambda_t^B\right)} > \frac{N-\sum\limits_{t=1}^{N}\left(\left(\dfrac{1}{m}\right)^{l(t)}\left(1-\dfrac{1}{m}\right)^{m-l(t)}\right)}{N-\sum\limits_{t=m}^{N}\left(\left(\begin{array}{c}t\\t-m\end{array}\right)\left(1-\dfrac{1}{m}\right)^{t-m}\left(\dfrac{1}{m}\right)^{m}\right)}
$$

$$
= \frac{N-\sum\limits_{t=1}^{N}\left(\left(\dfrac{1}{m-1}\right)^{l(t)}\left(1-\dfrac{1}{m}\right)^{m}\right)}{N-\sum\limits_{t=m}^{N}\left(\left(\begin{array}{c}t\\m\end{array}\right)\left(1-\dfrac{1}{m}\right)^{t}\left(\dfrac{1}{m-1}\right)^{m}\right)}
$$

$$
> \frac{N-\sum\limits_{t=1}^{N}\left(1-\dfrac{1}{m}\right)^{m}}{N-\sum\limits_{t=m}^{N}\left(\left(\begin{array}{c}t\\m\end{array}\right)\left(1-\dfrac{1}{m}\right)^{t}\right)} = \frac{N-N\left(1-\dfrac{1}{m}\right)^{m}}{N-\sum\limits_{t=m}^{N}\left(\left(\begin{array}{c}t\\m\end{array}\right)\left(1-\dfrac{1}{m}\right)^{t}\right)}
$$

$$
= \frac{N-N\left(1-\dfrac{1}{m}\right)^{m}}{N-\sum\limits_{t=0}^{N-m}\left(\left(\begin{array}{c}t+m\\m\end{array}\right)\left(1-\dfrac{1}{m}\right)^{t}\right)\left(1-\dfrac{1}{m}\right)^{m}}
$$

令 $T=\sum\limits_{t=0}^{N-m}\left(\left(\begin{array}{c}t+m\\m\end{array}\right)\left(1-\dfrac{1}{m}\right)^{t}\right)$。

下面通过对上式的讨论来分析 EA-a 和 EA-b 两种进化算法的性能对比关系。

当 $m=1$ 时，$\left(1-\dfrac{1}{m}\right)^{m}=0$，从而可得 $\dfrac{\sum\limits_{t=0}^{N}\left(1-\lambda_t^A\right)}{\sum\limits_{t=0}^{N}\left(1-\lambda_t^B\right)} > 1$，根据定理 6.7，EA-b

在期望首达时间上比 EA-a 更快收敛到 P_{opt}。当 $m=N$ 时，EA-a 和 EA-b 的迭代次数等于解的长度，根据算法 6-5 可知，这时二者均未能搜索到最优解，结合 N 和 T 的对比分析可知，$T\left(1-\dfrac{1}{m}\right)^{m} < N\left(1-\dfrac{1}{m}\right)^{m}$，即 $\dfrac{\sum\limits_{t=0}^{N}\left(1-\lambda_t^A\right)}{\sum\limits_{t=0}^{N}\left(1-\lambda_t^B\right)} > 0$。

EA-a 和 EA-b 的迭代次数远大于解的长度时，根据 N 和 T 的对比分析可知，

$$T\left(1-\frac{1}{m}\right)^m > N\left(1-\frac{1}{m}\right)^m, \quad \text{即} \quad \frac{\sum\limits_{t=0}^{N}\left(1-\lambda_t^A\right)}{\sum\limits_{t=0}^{N}\left(1-\lambda_t^B\right)} > 1, \quad \text{根据定理 6.7，EA-b 在}$$

期望首达时间上比 EA-a 更快收敛到 P_{opt}。下面通过实验的方法对上述推导进行验证。

为了验证不同变异算子的 (1+1)EA 算法理论分析的正确性，我们用算法 6-5 中求解目标函数 2 进行实验观察，分别对变异算子 EA-a 和 EA-b 对应的 (1+1)EA 算法作对比分析。初始种群均为 $X_0 = \{0, 0, \cdots, 0\}$，解的长度分别设置为 $m = 19$ 和 $m = 10$，在初始种群和解的长度不变的情况下重复运行 30 次，对比实验结果如图 6-4 和图 6-5 所示。

实验结果表明，根据已知目标函数 $f_2(X)$，在初始种群相同的情况下采用变异算子 EA-b 搜索到最优解的平均计算时间比采用变异算子 EA-a 更短，且通过图 6-4 和图 6-5 可知，当解的长度不断增大时，EA-a 与 EA-b 的平均计算时间的对比性能差异更加明显。该实验结果进一步验证了等同关系模型和性能对比不等式的正确性和有效性。

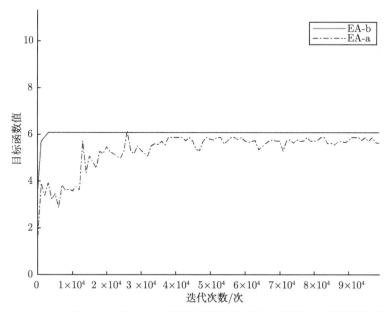

图 6-4　$m = 10$ 时 EA-a 和 EA-b 的平均计算时间对比分析结果（初始种群相同）

下面通过实验的方式分析初始种群随机生成情况下 EA-a 和 EA-b 的对比分析结果。为了便于分析，令解的长度为 $m = 20$，其他条件不变（种群规模为 1，

目标函数为 $f_2(X)$，重复运行 30 次），对比实验结果如图 6-6 所示。

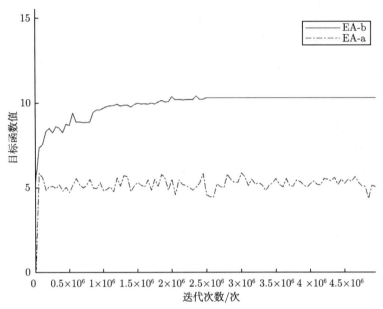

图 6-5 $m = 20$ 时 EA-a 和 EA-b 的平均计算时间对比分析结果（初始种群相同）

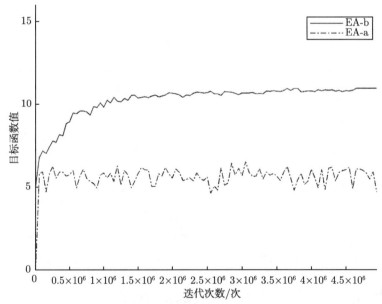

图 6-6 $m = 20$ 时 EA-a 和 EA-b 的平均计算时间对比分析结果（初始种群随机）

从图 6-6 可以看出,针对初始种群随机生成情况,在其他条件(解的长度、目标函数、运行次数)不变的情况下,实际运行结果和初始种群均为 $X_0 = \{0, 0, \cdots, 0\}$ 的实验结果(图 6-5)在性能对比实验上基本一致,即算法 6-5 中采用变异算子 EA-b 搜索到最优解的平均计算时间比采用变异算子 EA-a 更短,这与理论分析的结果一致。

6.3 本章小结

基于进化算法的可达状态集与吸收态 Markov 性,本章建立了可用进化算法收敛性对比分析的两种关系模型,即"等态关系"与"强/弱态关系",并且证明了前者是进化算法收敛性之间的一种等价关系,而后者则是一种偏序关系。满足等态关系的若干个进化算法具有同收敛的性质,而强/弱态关系则可以用于对比进化算法收敛性的强弱。基于关系模型,得到了一种新型的收敛性判别条件:满足吸收态 Markov 链性质的进化算法能否收敛,算法产生的可达状态集与最优状态集是否从某次迭代开始都能有交集。此外,本章将进化算法的期望首达时间作为算法性能对比分析的重要指标,基于吸收态 Markov 性,建立了便于直接分析进化算法期望首达时间的随机过程模型。以该模型为基础,将参与首达时间对比分析的进化算法定义为集合,建立了可用进化算法期望首达时间进行对比分析的等同关系模型,证明了满足等同关系模型的进化算法在期望首达时间上满足等价关系,在期望首达时间等同的情况下可以实现进化算法的等价类划分。基于等同关系模型,本章提出了一种便于进化算法性能对比分析的工具——性能对比不等式,使得不需要借助距离函数等辅助工具,就可以实现进化算法在期望首达时间上的直接对比分析。

第 7 章　平均增益理论与方法

目前，已有学者提出一些理论研究方法以作为探究进化算法计算时间的通用分析工具，包括适应值层次法[23,84-85]、漂移分析法[13,26-27,83]、转换分析法[22,86]等。在适应值层次法中，进化算法的计算时间被看作一组等待时间的总和，其中每段等待时间代表在特定层次中消耗的迭代次数。适应值层次法已被用于许多离散型目标空间与决策空间的算例分析，不过目前针对连续型进化算法的研究结果相对匮乏。漂移分析法是针对进化算法平均时间复杂度的通用理论，最初由 He 和 Yao[13] 提出，之后得到众多科研工作者的拓展、改进和完善，积累了丰硕的研究成果。漂移分析法已被证实为进化算法计算时间分析的强有力工具。从理论上讲，漂移分析法适用于离散优化和连续优化情形。然而，因为连续优化问题的目标空间是连续的或者是由大量连续子空间构成的，所以漂移分析法应用于连续型进化算法的理论结果并不多见[87]。Yu 等[22] 首先提出转换分析法，并且证明了适应值层次法和漂移分析法都可以规约到转换分析法。转换分析法目前讨论的主要是离散型进化算法的计算时间，而连续型进化算法计算时间的相关理论结果相对较少。

为分析连续型进化算法的计算时间，黄翰等[39] 受漂移分析法的思想的启发在 2014 年提出了平均增益模型。在此基础上，Zhang 等[81] 通过引入上鞅和停时的概念进一步发展了平均增益模型，使之成为连续型进化算法计算时间分析的通用模型。

平均增益模型将模型建立在一个非负整数随机过程之上，将首达时间视为停时，把鞅论和停时理论结合起来，建立起估计进化算法期望首达时间上界的通用公式。与传统计算时间分析工具的思路不同，平均增益理论是以适应值差的随机过程来研究进化算法的状态转移，可以在未知最优解编码的前提下分析进化算法达到最优适应值的计算时间。

7.1　连续型 (1+1)EA 算法的平均增益建模

本节针对连续型 (1+1)EA 算法，基于适应值差函数提出了平均增益模型及其分析方法，给出了平均计算时间的计算理论，为算法的计算时间复杂度分析提供了依据。

7.1.1 问题描述与算法简介

定义 7.1(极小化问题) 令 $S \subseteq R^n$ 为 n 维实数域 R^n 的子空间,$f : S \to R$ 为 n 维实值函数,则以 (S, f) 形式表示的极小化问题是找一个 n 维实向量 $x_{\min} \in S$ 使得 $\forall x \in S, \ f(x_{\min}) \leqslant f(x)$。

本节重点研究 Sphere 函数极小化问题,一个定义在 n 维连续空间 R^n 上的单峰极小化问题,相应的函数表达式为

$$f(x) = \sqrt{\sum_{i=1}^{n} x_i^2}$$

其中,$x = (x_1, x_2, \cdots, x_n) \in R^n$,$f(x)$ 函数值是 x 点到原点的欧氏距离。

$f(x)$ 为进化算法优化的目标函数。假设进化算法求解 Sphere 函数问题的渐进过程就是建立在 n 维实向量 x 的基础上。每次按照某种随机规律生成一个 n 维向量 Δ 作为 x 的更新步长,得到一个新的 $\tilde{x} = x + \Delta$。如果目标函数值 $f(x)$ 因为更新而减少(最小化问题为例),则接受新向量 $\tilde{x}$ 作为当前最优解,否则不接受。显然,该函数的全局最优解为原点 $(0, 0, \cdots, 0)$。不失一般性地,我们研究算法从点 $(1, 1, \cdots, 1)$ 开始到全局最优解原点的渐进过程。

进化算法的种类很多,为不失一般性,这里以连续型 (1+1)EA 算法为例,如算法 7-1 所示。

算法 7-1 连续型 (1+1)EA 算法流程

1: 产生一个初始个体 x_0
2: 产生一个随机的 n 维变量 Δ_t 作为变异步长,Δ_t 的每一维数值的产生都相互独立,并服从均匀分布或者正态分布
3: 生成一个 n 维后代向量 $\tilde{x}_t = x_t + \Delta_t$
4: 如果 $f(\tilde{x}_t) < f(x_t)$,那么 $x_{t+1} = \tilde{x}_t$;否则 $x_{t+1} = x_t$
5: 重复步骤 2、3 和 4,直到达到目标误差 $0 < \varepsilon < 1$,即 $f(x_t) < \varepsilon$

连续型 (1+1)EA 算法保留了经典 (1+1)EA 算法的框架,除了个体 x_t ($t = 0, 1, 2, \cdots$) 是实向量之外,相对于离散型 (1+1)EA 算法,还做了两点修改,以满足连续优化问题的分析需要。这两点修改分别是以步骤 3 的加法公式作为变异更新个体以及将步骤 5 的停机条件改为误差判定方式。

选择连续型 (1+1)EA 算法作为分析对象的原因有三方面。首先,选择 (1+1)EA 算法框架可简化种群规模、交叉算子和选择算子对分析的影响,主要研究点在于不同概率分布的变异步长对计算时间的影响;其次,(1+1)EA 算法是离散型进化算法计算时间分析的经典对象,沿用其框架可使研究具有代表性;最

后，步骤 2 中 Δ_t 的随机性与步骤 3 的更新公式设计源于 EP 的变异算子设计，所以分析结论将对 EP 的计算时间研究有积极意义。

7.1.2 连续型 (1+1)EA 算法的平均增益模型

本书将连续型 (1+1)EA 算法视为随机状态从初始个体 x_0 开始到全局最优解原点的渐进过程，并为这个过程建立平均增益模型。首先，我们给出如下定义和定理。

定义 7.2（适应值差函数） 设函数 $d : S \rightarrow R$ 满足 $d(x) = f(x) - f(x^*)$，$\forall x \in S$，x^* 为问题的最优解，称 d 为适应值差函数。

显然，$d(x^*) = 0$。例如，在 Sphere 函数中，S 是 n 维实空间 R^n，而且因为 $f(x^*) = 0$，有 $d(x) = f(x)$。与漂移分析法的上界定理不同，定义 7.2 的适应值差函数 d 可以为负数，以适合连续型 (1+1)EA 算法的分析。

定义 7.3（平均计算时间） 在连续型 (1+1)EA 中，对于任意 $0 \leqslant a < b$，若初始解的适应值差 $d(x_0) = b$，则记 $T\big|_a^b = \min\{t \,|\, d(x_t) \leqslant a\}$ 为算法经过区间 $[a, b]$ 的计算时间，$E\left(T\big|_a^b\right)$ 为经过区间 $[a, b]$ 的平均计算时间。

$E\left(T\big|_a^b\right)$ 表示连续型 (1+1)EA 算法从适应值差 a 的起点到适应值差为 b 的终点所需的平均计算时间。因为函数的全局最优解为原点 $(0, 0, \cdots, 0)$，起点为 $(1, 1, \cdots, 1)$，所以算法 7-1 中 $d(x_0) = \sqrt{n}$；连续型 (1+1)EA 算法的平均计算时间可以表示为 $E\left(T\big|_0^{\sqrt{n}}\right)$，在 $\varepsilon > 0$ 的精度下，平均计算时间可以表示为 $E\left(T\big|_\varepsilon^{\sqrt{n}}\right)$。

引理 7.1 在连续型 (1+1)EA 算法中，当 $V = \min\{E\left(d\left(x_t\right) - d\left(x_{t+1}\right)\right) \mid t \in N\} > 0$ 时，经过区间 $[0, d\left(x_0\right)]$ 的计算时间 $T\big|_0^{d(x_0)}$ 的期望 $E(T\big|_0^{d(x_0)})$ 满足

$$E(T\big|_0^{d(x_0)}) \leqslant \frac{d(x_0)}{V}$$

其中，x_t 是第 t 代的随机状态来自状态空间 S，x_0 为初始个体。

证明 参见文献 [39]。

证毕

因为连续型 (1+1)EA 算法只有一个个体 x_t，所以 x_t 既代表进化个体，也代表算法的随机状态；同理，S 代表问题的解空间，同时也代表 x_t 来自的状态空间。除此以外，引理 7.1 的证明并没有利用到连续型 (1+1)EA 算法的性质，即引理 7.1 的结论对满足个体规模为 1 的更一般算法而言也是适合的。

在连续状态空间 S 中，x_t 到达最优解的概率几乎为零，对连续型 (1+1)EA 算法到达最优解所需时间的计算应与其初始位置 x_0 和求解精度 $\varepsilon > 0$ 有关。基于此观点，我们以平均增益（定义 7.4）为模型，即将 x_t 和 x_{t+1} 的期望适应值差作为平均计算时间的估算指标。在平均增益的计算过程中，需要用极限去逼近积

分，因此这里引用黎曼积分作为工具。基于黎曼积分，定义 7.4 给出了平均增益的定义及计算方法。

定义 7.4 (平均增益)　在连续型 (1+1)EA 算法中

$$G(r,t) = E(d(x_t) - d(x_{t+1})|d(x_t) = r)$$

表示算法在 t 时刻关于适应值差 r 的平均增益。由于 (1+1)EA 算法中 Δ_t 的每一维数值的产生都相互独立，并服从均匀分布或者正态分布，所以 Δ_t 与迭代时间 t 无关。因此，(1+1)EA 算法的平均增益与迭代时间 t 无关，简单记为 $G(r)$。

在当前个体与最优解的适应值差为 r 的前提下，$G(r)$ 表示连续型 (1+1)EA 算法迭代中个体 x_t 和下一代新个体 x_{t+1} 的期望适应值差。直观而言，$G(r)$ 体现了在适应值差为 r 的前提下，(1+1)EA 算法的进化个体逼近全局最优解的平均速度。基于定义 7.4 和引理 7.1，我们可以得到一个连续型 (1+1)EA 算法平均计算时间的计算方法，定理 7.1、定理 7.2 和推论 7.1 阐述了这一结论。

定理 7.1　设 $d(x_0) = L$，若连续型 (1+1)EA 算法的平均增益 $G(r)$ 关于 $r \geqslant 0$ 可积，那么其达到精度 ε 的平均计算时间满足

$$E(T \left|_{\varepsilon}^{L} \right) \leqslant \int_{\varepsilon}^{L} 1/G(r)\mathrm{d}r$$

证明　参见文献 [39]。

证毕

在定理 7.1 中，我们得到平均计算时间的上界。这个上界是平均增量函数倒数 $1/G(r)$ 在区间 $[\varepsilon, L]$ 上的定积分。另外，定理 7.2 给出了平均计算时间的下界。

定理 7.2　设 $d(x_0) = L$，若连续型 (1+1)EA 算法的平均增益 $G(r)$ 关于 $r \geqslant 0$ 可积，那么其达到精度 ε 的平均计算时间满足

$$E(T \left|_{\varepsilon}^{L} \right) \geqslant \int_{\varepsilon}^{L} 1/G(r)\mathrm{d}r$$

证明　参见文献 [39]。

证毕

有了定理 7.1 和定理 7.2，可以得到平均计算时间的计算公式，如推论 7.1 所示。

推论 7.1　对于连续型 (1+1)EA 算法，给定一个初始解 x_0，不妨设 $d(x_0) = L$，那么其达到精度 ε 的平均计算时间

$$E(T \left|_{\varepsilon}^{L} \right) = \int_{\varepsilon}^{L} 1/G(r)\mathrm{d}r$$

证明　根据引理 7.1 和引理 7.2, 可以直接得到 $E(T\,|_\varepsilon^L) = \int_\varepsilon^L 1/G(r)\mathrm{d}r$。

证毕

因此, 连续型 (1+1)EA 算法的平均计算时间等于 $1/G(r)$ 在区间 $[\varepsilon, L]$ 上的定积分。例如, 如果算法 7-1 中初始解 $x_0 = \left(\dfrac{1}{2\sqrt{n}}, \dfrac{1}{2\sqrt{n}}, \cdots, \dfrac{1}{2\sqrt{n}}\right)$, 所以 $d(x_0) = \dfrac{1}{2}$。此时, 推论 7.1 的结论可以表示为 $E(T\,|_\varepsilon^{1/2}) = \int_\varepsilon^{1/2} 1/G(r)\mathrm{d}r$, 即当平均增益 $G(r)$ 和精度确定时, 我们可以直接计算出连续型 (1+1)EA 算法的平均计算时间。根据定义 7.4, $G(r)$ 与两个方面有关。

(1) $G(r)$ 与适应值差函数 $d(x)$ 有关, 而 $d(x)$ 与目标函数 $f(x)$ 有关; 因为 $f(x)$ 与优化问题有关, 所以 $G(r)$ 与优化问题直接相关。

(2) $G(r)$ 与算法状态从 x_t 到 x_{t+1} 的转移概率有关, 而这个转移概率由变异步长 Δ_t 决定, Δ_t 则取决于算法采用的变异算子, 所以 $G(r)$ 由变异算子来决定。

综上所述, 当确定了变异算子 (Δ_t) 和优化问题 [$d(x)$], 我们就可以确定 $G(r)$, 并估算出连续型 (1+1)EA 算法在精度 ε 下的平均计算时间。7.2 节将以标准正态分布与均匀分布两种变异算子为例, 展示平均计算时间的分析过程。

7.2　连续型 (1+1)EA 算法个案的平均计算时间分析

基于 7.1 节提出的连续型 (1+1)EA 算法的平均增益模型（定义 7.4 和推论 7.1）, 本节选取了学术界关注的球函数作为研究对象, 分别推导了变异步长满足标准正态分布和均匀分布的连续型 (1+1)EA 算法在优化球函数时的平均增益, 并估算出它们的平均计算时间。下面首先给出个体和变异步长服从的随机分布类型。随机算法中的步长 Δ_t 是一个 n 维随机变量, 而且它的每一维都独立同分布, 即满足标准正态分布或者均匀分布, 分布密度函数分别为

$$f_1(x) = \frac{1}{\sqrt{2\pi}}\mathrm{e}^{-\frac{x^2}{2}}$$

$$f_2(x) = \begin{cases} \dfrac{1}{2}, x \in (-1, 1) \\ 0, x \notin (-1, 1) \end{cases}$$

我们记步长满足标准正态分布的连续型 (1+1)EA 算法为 EA-I; 记步长满足 $(-1,1)$ 均匀分布的连续型 (1+1)EA 算法为 EA-II。EA-I 和 EA-II 的初始解均为 $x_0 = \left(\dfrac{1}{2\sqrt{n}}, \dfrac{1}{2\sqrt{n}}, \cdots, \dfrac{1}{2\sqrt{n}}\right)$, 即 $d(x_0) = 0.5$。选择这个起始点进行分析是因为

均匀分布在 $0 \leqslant d(x_0) \leqslant 0.5$ 区域平均增量的积分计算比较简单，便于对比分析结果。

标准正态分布是连续型进化算法中变异算子设计的常用工具，但关于标准正态分布的进化算子如何影响计算时间的研究结果较少，多数研究工作只是针对二进制随机变异和均匀分布变异。因此，这里选择这两种分布作为研究个案是较有针对性的。不仅如此，本书还将对比两种变异分布在求解 Sphere 函数的计算时间复杂度差异。

7.2.1 标准正态分布的 EA-I 算法计算时间分析

由于 EA-I 算法的初始解 $x_0 = \left(\dfrac{1}{2\sqrt{n}}, \dfrac{1}{2\sqrt{n}}, \cdots, \dfrac{1}{2\sqrt{n}} \right)$，根据 Sphere 函数的计算方式可得，$d(x_0) = 0.5$。因此，EA-I 算法的平均计算时间可以记为 $E(T\,|_\varepsilon^{0.5})$。

根据推论 7.1，必须先求平均增益 $G(r)$，才可以计算 EI-I 算法的平均计算时间。引理 7.2 给出了变异步长满足标准正态分布 $G(r)$ 的计算方法。

引理 7.2 在变异步长 Δ_t 满足标准正态分布的 EA-I 算法中，平均增益满足

$$\frac{\mathrm{e}^{-\frac{r^2}{2}} \cdot r^{n+1}}{\Gamma(n/2+1) \cdot \left(\sqrt{2}\right)^n \cdot (n+1)} \leqslant G(r) \leqslant \frac{r^{n+1}}{\Gamma(n/2+1) \cdot \left(\sqrt{2}\right)^n \cdot (n+1)}$$

证明 参见文献 [39]。

证毕

在连续型 (1+1)EA 算法中，初始个体为 $x_0 = \left(\dfrac{1}{2\sqrt{n}}, \dfrac{1}{2\sqrt{n}}, \cdots, \dfrac{1}{2\sqrt{n}} \right)$，根据算法 7-1 和定义 7.4，$0 < \varepsilon \leqslant r \leqslant 0.5$。因此，$\dfrac{\mathrm{e}^{-\frac{r^2}{2}} \cdot \varepsilon^{n+1}}{\Gamma(n/2+1) \cdot \left(\sqrt{2}\right)^n \cdot (n+1)} \leqslant$ $G(r) \leqslant \dfrac{(1/2)^{n+1}}{\Gamma(n/2+1) \cdot \left(\sqrt{2}\right)^n \cdot (n+1)}$。根据推论 7.1 和引理 7.2，可以得到定理 7.3。

定理 7.3 在 EA-I 算法中，若其变异步长 Δ_t 服从标准正态分布，那么它达到精度 $\varepsilon(d(x_t) < \varepsilon)$ 的平均计算时间 $E(T\,|_\varepsilon^{0.5})$ 满足

$$E(T\,|_\varepsilon^{0.5}) > \Gamma(n/2+1) \cdot (n+1) \cdot (\sqrt{2})^n \cdot \frac{1}{n} \cdot \left(\varepsilon^{-n} - (0.5)^{-n}\right)$$

证明 参见文献 [39]。

证毕

因为 $0 < \varepsilon \leqslant r \leqslant 0.5$，所以 EA-I 算法的计算时间复杂度为 $\omega\Big(\Gamma(n/2+1) \cdot$

$$\left(\frac{\sqrt{2}}{\varepsilon}\right)^n\text{。}$$

定理 7.4　在连续型 (1+1)EA 算法中，若其变异步长 Δ_t 服从标准正态分布，那么它经过迭代达到精度 $\varepsilon(d(x_t) < \varepsilon)$ 的平均计算时间 $E(T\,|_\varepsilon^{0.5})$ 满足

$$E(T\,|_\varepsilon^{0.5}) < \Gamma(n/2+1) \cdot (n+1) \cdot (\sqrt{2})^n \frac{1}{n \cdot \varepsilon^n}$$

证明　参见文献 [39]。

　　　　　　　　　　　　　　　　　　　　　　　　　　　　　　　　证毕

由此可得 EA-I 算法的计算时间复杂度为 $o\left(\Gamma(n/2+1) \cdot \left(\frac{\sqrt{2}}{\varepsilon}\right)^n\right)$。因此，综合定理 7.3 和定理 7.4 的结论，EA-I 算法的计算时间复杂度为 $\Theta\left(\Gamma(n/2+1) \cdot \left(\frac{\sqrt{2}}{\varepsilon}\right)^n\right)$。

7.2.2　均匀分布的 EA-II 算法计算时间分析

由于 EA-II 算法的初始解 $x_0 = \left(\frac{1}{2\sqrt{n}}, \frac{1}{2\sqrt{n}}, \cdots, \frac{1}{2\sqrt{n}}\right)$，根据 Sphere 函数的计算方式可得，$d(x_0) = 0.5$。因此，EA-II 算法的平均计算时间可以记为 $E(T\,|_\varepsilon^{0.5})$。

首先，介绍 $E(T\,|_\varepsilon^{0.5})$ 计算的几何意义。当步长 Δ_t 满足均匀分布时，对于任意坐标的解 x_t，x_{t+1} 的可达范围是以该解为中点、边长为 2 的 n 维立方体。这将导致 x_{t+1} 的可达范围不规则。例如，当 $r > 0.5$ 时，3 维情形如图 7-1 所示，x_t 为白点所在位置，那么 x_{t+1} 的可达范围即为球体和立方体的相交区域。特别地，当 EA-II 算法初始解 $d(x_0) = 0.5$ 时，立方体将包围球体，它们的交集即为一个球体。

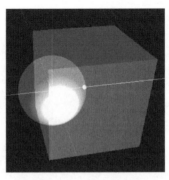

图 7-1　球体和立方体相交得到的不规则区域

引理 7.3 当 $r \leqslant 0.5$ 时，EA-II 算法的平均增益满足

$$G(r) = \frac{r^{n+1} \cdot \sqrt{\pi}^n}{2^n \cdot \Gamma(n/2+1) \cdot (n+1)}$$

证明 参见文献 [39]。

证毕

由引理 7.3 的结论可以看出，EA-II 算法的平均增益 $G(r)$ 是一个在实数域可积的函数，所以可以直接根据推论 7.1 得到定理 7.5 的结论。

定理 7.5 给定初始解 x_0 满足 $d(x_0) = 0.5$，那么 EA-II 算法达到精度 $d(x_t) < \varepsilon$ 的平均计算时间满足

$$E(T|_{\varepsilon}^{0.5}) = \Gamma(n/2+1) \cdot \frac{(n+1)}{n} \cdot \frac{2^n}{(\sqrt{\pi})^n} \cdot \left(\frac{1}{\varepsilon^n} - \frac{1}{0.5^n} \right)$$

证明 参见文献 [39]。

证毕

根据算法 7-1 中连续型 (1+1)EA 算法的设置，ε^{-n} 大于 0.5^{-n}，则根据计算复杂性 Θ 符号的运算规则，EA-II 算法的计算时间复杂度为 $\Theta\left(\Gamma(n/2+1) \cdot \left(\dfrac{2}{\varepsilon \cdot \sqrt{\pi}} \right)^n \right)$。

7.2.3 EA-I 算法与 EA-II 算法的时间复杂度对比分析

虽然 EA-I 算法和 EA-II 算法的计算时间复杂度都比较高，当给定相同精度 ε 和初始适应值差 $d(x_0) = 0.5$ 时，可以由定理 7.4 和定理 7.5 得出，EA-II 算法计算时间复杂度低于 EA-I，即均匀分布变异算子在求解 Sphere 函数时的性能优于标准正态分布变异算子。假设 t_1 是 EA-I 的平均计算时间，t_2 是 EA-II 算法的平均计算时间，则有

$$\lim_{n \to +\infty} \frac{t_1}{t_2} = \lim_{n \to +\infty} \frac{\Gamma(n/2+1) \cdot \left(\dfrac{\sqrt{2}}{\varepsilon} \right)^n}{\Gamma(n/2+1) \cdot \left(\dfrac{2}{\varepsilon \cdot \sqrt{\pi}} \right)^n} = \left(\sqrt{\frac{\pi}{2}} \right)^n = +\infty$$

更具体地，根据定理 7.3、定理 7.4 和定理 7.5 获得的估算结果如表 7-1 所示。

表 7-1 EA-I 算法和 EA-II 算法求解 Sphere 函数的对比

维度	$n=5$		$n=10$		$n=30$		$n=50$	
算法	EA-I	EA-II	EA-I	EA-II	EA-I	EA-II	EA-I	EA-II
$\varepsilon = 10^{-1}$	$\approx 10^6$	$\approx 10^5$	$\approx 10^{13}$	$\approx 10^{10}$	$\approx 10^{43}$	$\approx 10^{36}$	$\approx 10^{76}$	$\approx 10^{65}$
$\varepsilon = 10^{-3}$	$\approx 10^{16}$	$\approx 10^{15}$	$\approx 10^{33}$	$\approx 10^{30}$	$\approx 10^{103}$	$\approx 10^{96}$	$\approx 10^{176}$	$\approx 10^{165}$
$\varepsilon = 10^{-5}$	$\approx 10^{26}$	$\approx 10^{25}$	$\approx 10^{53}$	$\approx 10^{50}$	$\approx 10^{163}$	$\approx 10^{106}$	$\approx 10^{276}$	$\approx 10^{265}$

为了验证理论分析的正确性，本书对 EA-I 算法和 EA-II 算法求解小规模 Sphere 函数进行了实验观察。两个算法初始解均满足 $d(x_0) = 0.5$，观察问题的规模为 $n = 5$ 和 $n = 10$，结果如图 7-2 和图 7-3 所示。

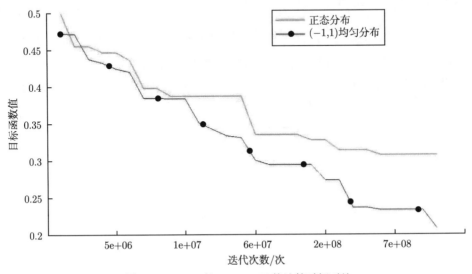

图 7-2 $n = 5$ 的 Sphere 函数计算时间对比

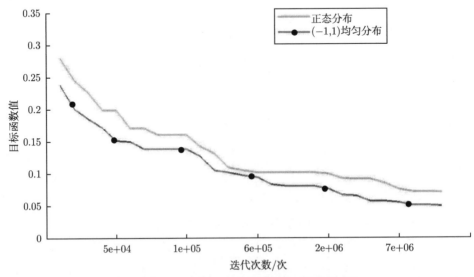

图 7-3 $n = 10$ 的 Sphere 函数题计算时间对比

图 7-2 和图 7-3 表明，针对 Sphere 函数，给定初始点距离为 0.5 时，EA-II

算法比 EA-I 算法有更快的计算速度。两个算法的计算复杂性极高，造成了实验困难，图 7-2 和图 7-3 仅仅给出了 $n = 5$ 和 $n = 10$ 的对比结果，实验结果验证了定理 7.3、定理 7.4 和定理 7.5 的正确性与有效性。

7.3　基于平均增益模型的连续型进化算法时间复杂度分析

本节引入鞅论和停时理论，建立平均增益模型以估算连续型进化算法的平均首达时间上界。在本节中，平均增益模型建立在一个非负整数随机过程的基础上，不依赖于算法具体的实现形式，为连续型进化算法的计算时间分析提供了一种新的有效方法。

7.3.1　连续型进化算法的上鞅与停时模型

不失一般性地，假定进化算法被用来处理连续搜索空间中的最小化问题。给定搜索空间 $S \subseteq R^n$ 和函数 $F : S \to R$，我们的任务是要找到至少一个全局最优解 $x^* \in S$，使得函数满足 $F(x^*) = \min\limits_{x \in S} F(x)$。

连续型进化算法的基本框架如算法 7-2 所示[88]。

算法 7-2　连续型进化算法

1: 随机生成初始种群 $P = \{\beta_1, \beta_2, \cdots, \beta_m\}$
2: 评估 P 中每个个体的适应值
3: **while** 未满足终止条件 **do**
4:　通过重组、交叉、变异等操作产生子代种群 $P' = \{\beta'_1, \beta'_2, \cdots, \beta'_m\}$
5:　评估子代 P' 中每个个体的适应值
6:　从子代种群或者子代与父代合并后的种群中选择部分个体组成新的父代种群
7: **end while**
8: 输出到目前为止找到的最优解

将第 t 代种群表示为 $P_t = \{\beta_1^t, \beta_2^t, \cdots, \beta_m^t\}$。令 $F(P_t) = \min\{F(x) : x \in P_t\}$ 为种群 P_t 的适应值，定义 $\eta_t = F(P_t) - F(x^*)$，则 η_t 可被视为基于种群的 EA 到最优解的某种特定的距离值。由于考虑的是最小化问题，因此，$\{\eta_t\}_{t=0}^{+\infty}$ 是一个非负整数随机过程。

在概率论中，鞅是公平赌博的数学模型，描述过去事件的知识无助于使未来期望收益最大。上鞅和下鞅分别描述了不利赌博与有利赌博，将全局收敛的进化算法视为一种计算的有利赌博，说明过去事件（算法搜索到的解）的知识（启发式信息）有助于使未来期望收益最大（计算代价最少）。以极小化问题为例，用上鞅（定义 7.5）模型来分析连续型进化算法计算时间的上界。

根据随机过程理论, 设 (Ω, F, P) 是一个概率空间, $\{Z_t\}_{t=0}^{+\infty}$ 为 (Ω, F, P) 上的随机过程。$F_t = \sigma(Z_0, Z_1, \cdots, Z_t) \subseteq F, t = 0, 1, \cdots$ 为 F 的自然 σ-代数流。σ-代数 F_t 包含了由 $Z_0, Z_1, \cdots, Z_t$ 生成的所有事件，即直到时刻 t 为止的全部信息。

定义 7.5　设 $\{F_t, t \geqslant 0\}$ 为 F_t 的单调递增子 σ - 代数序列。如果对任意的 $t = 0, 1, \cdots, X_t$ 在 F_t 上可测，$E(|X_t|) < +\infty$，且对任意的 t，有 $E(X_{t+1}|F_t) \leqslant X_t$，称 X_t 为 $\{F_t, t \geqslant 0\}$ 或 $\{Z_t\}_{t=0}^{+\infty}$ 的上鞅。

在进化算法的计算时间分析中，通常研究人员感兴趣的是算法在一次运行的过程中首次找到最优解所需的时间，即所谓的"首达时间"[13]，可用停时来描述。在概率论中，特别是随机过程的研究中，停时（亦称为 Markov 时间）是一种特殊类型的"随机时间"——一个随机变量，它的取值代表某个给定的随机过程表现出特定行为的时间。停时的定义如下。

定义 7.6　设 $\{X_t\}_{t=0}^{+\infty}$ 是一个随机过程，T 是一个非负整数随机变量。若对任意 $n = 0, 1, \cdots$，有 $\{T \leqslant n\} \in F_n = \sigma(X_0, X_1, \cdots, X_n)$，则称 T 为关于 $\{X_t\}_{t=0}^{+\infty}$ 的停时。

设 $H_n = \sigma(\eta_0, \eta_1, \cdots, \eta_n)$ $n \geqslant 0$ $T_0 = \min\{t \geqslant 0 : \eta_t = 0\}$。由此可得，$\forall n \geqslant 0$ $\{T_0 \leqslant n\} = \bigcup_{k=0}^{n} \{T_0 = k\} = \bigcup_{k=0}^{n} \{\eta_0 > 0, \cdots, \eta_{k-1} > 0, \eta_k = 0\} \in H_n$，故首达时间 T_0 是一个关于 $\{\eta_t\}_{t=0}^{\infty}$ 的停时。

7.3.2　平均增益定理

平均增益理论是针对连续型进化算法计算时间分析的理论工具[37,39,81]。进化算法对目标函数的优化可以看作赌博的过程，因为产生子代的过程具有随机性，同一个种群有可能产生许多不同的子代，对应取得或正或负的增益。由于具有随机性，进化算法的优化过程可以被建模为随机过程。

一步平均变化量

$$\delta_t = E(\eta_t - \eta_{t+1}|H_t), t \geqslant 0$$

被称为平均增益[39]，其中 $\{\eta_t\}_{t=0}^{+\infty}$ 是一个随机过程，$H_t = \sigma(\eta_0, \eta_1, \cdots, \eta_t)$。

增益 $\eta_t - \eta_{t+1}$ 是父代与子代的最优适应值之差。与质量增益相似，增益可以被看作进化算法在单次迭代过程中函数值上所取得的进展[89]。增益越大，距离最优解的距离缩小得越快，优化过程越高效。值得注意的是，η_t 代表的是连续型进化算法在前 t 次迭代而不是第 t 次迭代取得的最优适应值差，其目的是使估算方法适用于一些非精英进化算法。

在计算时间分析中，通常人们感兴趣的是算法在一次运行的过程中首次找到目标解所需的迭代次数，也就是所谓的首达时间。对于连续型进化算法，我们感兴趣的则是 ε-近似解的首达时间。

定义 7.7 假设 $\{\eta_t\}_{t=0}^{+\infty}$ 是一个随机过程，且对任意的 $t \geqslant 0$，有 $\eta_t \geqslant 0$。给定目标阈值 $\varepsilon > 0$，则 ε-近似解的首达时间可定义为

$$T_\varepsilon = \min\{t \geqslant 0 : \eta_t \leqslant \varepsilon\}$$

特别地

$$T_0 = \min\{t \geqslant 0 : \eta_t \leqslant 0\}$$

此外，进化算法的期望首达时间可定义为 $E(T_\varepsilon)$。

期望首达时间代表了进化算法取得最优解所需要的最小迭代次数的期望。下面给出在文献 [81] 中证明的引理，该引理将用于辅助定理 7.6 的证明。

引理 7.4 假设 $\{\eta_t\}_{t=0}^{+\infty}$ 是一个随机过程，且对任意的 $t \geqslant 0$，有 $\eta_t \geqslant 0$。令 $T_o^\eta = \min\{t \geqslant 0 : \eta_t = 0\}$，假设 $E(T_o^\eta) < +\infty$，如果存在 $\alpha > 0$，对于任意的 $t \geqslant 0$，满足 $E(\eta_t - \eta_{t+1}|H_t) \geqslant \alpha$，那么 $E(T_o^\eta|\eta_0) < \dfrac{\eta_0}{\alpha}$。

证明 参见文献 [81]。

证毕

引理 7.4 为下文的定理 7.6 作铺垫。引理 7.4 中 α 是一个不依赖于 η_t 的常数，故必须使用 δ_t 在 $t = 0, 1, \cdots$ 时的一致下界。在很多情况下，该一致下界会非常小，甚至接近于零，这将导致首达时间 T_0 的上界非常松。此外，T_0 通常适用于离散优化中的进化算法，对于连续型进化算法，我们感兴趣的是 ε-近似解的首达时间。基于引理 7.4，可得到关于 T_ε 的上界的通用定理。

定理 7.6 设 $\{\eta_t\}_{t=0}^{+\infty}$ 是一个随机过程，对任意的 $t \geqslant 0$，有 $\eta_t \geqslant 0$。设 $h : [0, A] \to \mathbb{R}^+$ 是一单调递增可积函数。如果在 $\eta_t > \varepsilon > 0$ 时，有 $E(\eta_t - \eta_{t+1}|H_t) \geqslant h(\eta_t)$，则对 T_ε 有

$$E(T_\varepsilon|\eta_0) \leqslant 1 + \int_\varepsilon^{\eta_0} \frac{1}{h(x)} \mathrm{d}x$$

证明 令 $m(x) = \begin{cases} 0, & x \leqslant \varepsilon \\ \displaystyle\int_\varepsilon^x \frac{1}{h(u)} \mathrm{d}u + 1, & x > \varepsilon \end{cases}$，可得

（1）当 $x > \varepsilon$，$y \leqslant \varepsilon$ 时

$$m(x) - m(y) = \int_\varepsilon^x \frac{1}{h(u)} \mathrm{d}u + 1 \geqslant 1$$

（2）当 $x > \varepsilon$，$y > \varepsilon$ 时

$$m(x) - m(y) = \int_y^x \frac{1}{h(u)} \mathrm{d}u \geqslant \frac{x - y}{h(x)}$$

于是有

（3）当 $\eta_t > \varepsilon$，$\eta_{t+1} \leqslant \varepsilon$ 时

$$E\left(m\left(\eta_t\right) - m\left(\eta_{t+1}\right) | H_t\right) \geqslant 1$$

（4）当 $\eta_t > \varepsilon$，$\eta_{t+1} > \varepsilon$ 时

$$E\left(m\left(\eta_t\right) - m\left(\eta_{t+1}\right) | H_t\right) \geqslant E\left(\frac{\eta_t - \eta_{t+1}}{h\left(\eta_t\right)} | H_t\right) = \frac{1}{h\left(\eta_t\right)} E\left(\eta_t - \eta_{t+1} | H_t\right) \geqslant 1$$

根据以上推导，可得当 $\eta_t > \varepsilon > 0$ 时，$E\left(m\left(\eta_t\right) - m\left(\eta_{t+1}\right) | H_t\right) \geqslant 1$。注意到 $T_\varepsilon = \min\{t \geqslant 0 : \eta_t \leqslant \varepsilon\} = \min\{t \geqslant 0 : m\left(\eta_t\right) = 0\} \overset{\triangle}{=} T_0^m$。假定 $\eta_0 > 0$，由引理 7.4 得到

$$E\left(T_\varepsilon | \eta_0\right) = E\left(T_0^m | m\left(\eta_0\right)\right) \leqslant \frac{m\left(\eta_0\right)}{1} = 1 + \int_\varepsilon^{\eta_0} \frac{1}{h\left(u\right)} \mathrm{d}u$$

证毕

在定理 7.6 中，平均增益 δ_t 的下界 $h\left(\eta_t\right)$ 随 η_t 的变化而变化，故无须寻找 δ_t 在 $t = 0, 1, \cdots$ 上的一致下界，这有助于获得 T_ε 的更紧上界。从定理 7.6 可推得以下的特例。

推论 7.2　设 $\{\eta_t\}_{t=0}^{+\infty}$ 是一个随机过程，对任意的 $t \geqslant 0$，有 $\eta_t \geqslant 0$。若存在 $0 \leqslant q \leqslant 1$，使得 $E\left(\eta_t - \eta_{t+1} | H_t\right) \geqslant q\eta_t \left(\eta_t > \varepsilon > 0\right)$，则对 T_ε 有

$$E\left(T_\varepsilon | \eta_0\right) \leqslant \frac{1}{q} \ln\left(\frac{\eta_0}{\varepsilon}\right) + 1$$

证明　令 $h\left(x\right) = qx$，显然，$h\left(x\right)$ 单调递增，可积。由定理 7.6 可得

$$E\left(T_\varepsilon | \eta_0\right) \leqslant \int_\varepsilon^{\eta_0} \frac{1}{h\left(u\right)} \mathrm{d}u + 1 = \int_\varepsilon^{\eta_0} \frac{1}{qx} \mathrm{d}u + 1 = \frac{1}{q} \mathrm{In}\left(\frac{\eta_0}{\varepsilon}\right) + 1$$

证毕

由以上定理可知，平均增益 δ_t 的计算在估计 ε-近似解的 T_ε 时起到关键的作用。

对于大部分进化算法，种群 P_{t+1} 的状态仅仅依赖于种群 P_t，与之前种群的历史信息无关。在这种情形下，随机过程 $\{P_t\}_{t=0}^{+\infty}$ 可用 Markov 链来建模。相应地，$\{\eta_t\}_{t=0}^{+\infty}$ 也可视为 Markov 链。在这样的场合中，平均增益 $\delta_t = E\left(\eta_t - \eta_{t+1} | H_t\right)$ 可被简化为 $\delta_t = E\left(\eta_t - \eta_{t+1} | \eta_t\right)$，以上结论依然成立。

7.4 $(1, \lambda)$ES 算法在球函数问题上的平均首达时间分析

基于 7.3 节的连续型进化算法首达时间分析的平均增益模型, 本节将分析带自适应步长的非精英 $(1, \lambda)$ES 算法求解球函数问题的平均首达时间。

非精英 $(1, \lambda)$ES 算法: 在每一步迭代中, 一个父代个体通过变异产生 λ 个子代个体, 然后其中适应值最小的个体被选出来作为下一代的父代个体。值得注意的是, 新的父代个体不一定比旧的父代个体更优。$(1, \lambda)$ES 的流程如算法 7-3 所示。

算法 7-3　$(1, \lambda)$ES 算法

1: 输入: 初始个体 x_0 和初始步长 l_0, 置 $t = 0$
2: **while** 终止条件未满足 **do**
3:　　**for** $i = 1$ to λ **do**
4:　　　　$y_{t,i} = x_t + l_t \cdot u$
5:　　**end for**
6:　　$x_{t+1} = \underset{x \in \{y_{t,1}, \cdots, y_{t,\lambda}\}}{\arg\min} f(x)$
7:　　调整 l_{t+1}
8:　　$t \leftarrow t + 1$
9: **end while**
10: 输出: 满足条件的解

其中的 u 是一个均匀分布在 n 维单位超球面上的随机向量, l_t 是步长或称变异超球的半径。我们考虑球函数 $f(x) = \sum_{i=0}^{n} x_i^2$ 的最小化, 显然, 最小值为 $f^* = f(0, 0, \cdots, 0) = 0$。

假设算法已经到达某个点 $x_t \in S$, $t = 0, 1, \cdots$, 定义 $X_t = f(x_t) - f^*$。由 x_t 产生的新点 (解) 分布在一个半径为 l_t、中心为 x_t 的超球表面上。由于问题的等值线和变异超球在旋转后依然是不变的, 故可分析问题在平面上的投影, 如图 7-4 所示。令 $f(x_t) = R^2$, $f(y_{t,i}) = r_i^2$, $i = 1, 2, \cdots, \lambda$。半径为 R 的大圆代表问题 $f(x) = R^2$ 的等值线, 其圆心即为最优解。半径为 l 的小圆代表变异超球。由于对称性, 我们可将分析限于 $\omega \in [0, \pi]$ 情形。

根据余弦定理, $r^2 = R^2 - 2lR\cos\omega + l^2$, 于是 $R^2 - r^2 = 2lR\cos\omega - l^2$。为了应用推论 7.2, 需要计算 $E\left(\dfrac{X_t - X_{t+1}}{X_t}\bigg| X_t\right)$, 为此, 我们定义相对增量 V 为

$$V = \frac{R^2 - r^2}{R^2} = 2a\cos\omega - a^2$$

其中，$a = l/R$。

此处的 r 是一个随机变量，因为角度 ω 是随机生成的。关于角度 ω 的概率密度函数，有以下的引理。

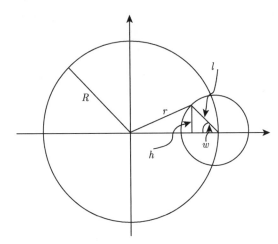

图 7-4　参数空间的横截面

引理 7.5　角度 ω 的概率密度函数为

$$p_\omega(x) = \frac{\sin^{n-2}x}{B\left(\dfrac{1}{2}, \dfrac{n-1}{2}\right)} \cdot l_{[0,\pi)}(x)$$

其中，$B(\cdot, \cdot)$ 代表 Beta 函数，$l_A(x)$ 表示集合 A 的示性函数。

证明　参见文献 [81]。

　　　　　　　　　　　　　　　　　　　　　　　　　　　　　　　证毕

为了避免复杂而冗长的计算，不失一般性地，我们在余下的部分考虑 $n = 3$ 的情形。相对增量 V 由角度 w 决定，故也是一个随机变量，它的概率密度函数计算如引理 7.6 所示。

引理 7.6　对于 $n = 3$，给定 $X_t = R^2$，相对增量 V 的概率密度函数为

$$P_V(v) = \frac{1}{4a}l_{S_a}(v)$$

其中，$S_a = [-2a - a^2, 2a - a^2]$。

证明　参见文献 [81]。

　　　　　　　　　　　　　　　　　　　　　　　　　　　　　　　证毕

根据算法 7-3, 当 $(1,\lambda)$ES 到达点 $x_t, t = 0, 1, \cdots, \lambda$ 时, 产生 λ 个子代个体, 表示为 $y_{t,i}, i = 1, 2, \cdots, \lambda$, 然后 $x_{t+1} = \underset{x \in \{y_{t,1},\cdots,y_{t,\lambda}\}}{\arg\min} f(x)$ 被选为下一代的父代个体。令 $f(y_{uj}) = r_i^2, V_i = \dfrac{R^2 - r_i^2}{R^2}$, 则 $V_i, i = 1, 2, \cdots, \lambda$ 与 V 独立同分布。

由于 $x_{t+1} = \underset{x \in \{y_{t,1},\cdots,y_{t,\lambda}\}}{\arg\min} f(x)$, 这等价于 $\dfrac{X_t - X_{t+1}}{X_t} = \max\{V_i : i = 1, \cdots, \lambda\}$ 并记为 $V_{\max}$, 其概率密度函数计算如引理 7.7 所示。

引理 7.7 给定 $X_t = R^2$, 则 $V_{\max}$ 的概率密度函数为

$$P_{V_{\max}}(x) = \lambda \cdot P_V(x) \cdot P^{\lambda-1}\{V \leqslant x\}$$

证明 参见文献 [81]。

证毕

令 $T_\varepsilon = \min\{t \geqslant 0 : X_t \leqslant \varepsilon\}$, 我们基于推论 7.2 估计 T_ε 的上界。

定理 7.7 当 $a = l_t / \sqrt{X_t} = (\lambda - 1)/(\lambda + 1), \lambda \geqslant 2$ 时, 对于 T_ε 有下式成立

$$E(T_\varepsilon \mid X_0) \leqslant \left(\frac{\lambda + 1}{\lambda - 1}\right)^2 \ln\left(\frac{X_0}{\varepsilon}\right) + 1$$

证明 根据推论 7.2 和引理 7.7, 可得

$$E\left(\frac{X_t - X_{t+1}}{X_t}\bigg| X_t\right) = E(V_{\max} \mid X_t)$$

$$= \int_{-2a-a^2}^{2a-a^2} x \cdot P_{V_{\max}}(x) \mathrm{d}x$$

$$= \int_{-2a-a^2}^{2a-a^2} x \cdot \lambda \cdot \frac{1}{4a} \cdot \left(\frac{x + 2a + a^2}{4a}\right)^{\lambda-1} \mathrm{d}x$$

$$= 2a \cdot \frac{\lambda - 1}{\lambda + 1} - a^2$$

将上式关于 a 求导, 可得当 $a^* = \dfrac{\lambda - 1}{\lambda + 1}, \lambda \geqslant 2$ 时, 上式取得其最大值 $\left(\dfrac{\lambda - 1}{\lambda + 1}\right)^2 \in (0, 1)$, 其中 $\lambda \geqslant 2$。

根据定理 7.6, 可得 $E(T_\varepsilon \mid X_0) \leqslant \left(\dfrac{\lambda + 1}{\lambda - 1}\right)^2 \ln\left(\dfrac{X_0}{\varepsilon}\right) + 1$ 成立。

证毕

定理 7.7 表明如果选择步长 $l_t = \left(\dfrac{\lambda - 1}{\lambda + 1}\right) \cdot \sqrt{X_t}$, 则非精英 $(1, \lambda)$ ES 能够收敛到球函数的最优解的 ε-邻域, 且平均首达时间的上界为 $\left(\dfrac{\lambda + 1}{\lambda - 1}\right)^2 \ln\left(\dfrac{X_0}{\varepsilon}\right) + 1$。

7.5　本 章 小 结

虽然近年来进化计算领域的研究硕果累累, 但是研究对象主要集中在简化后的算法, 目前缺少对前沿连续型进化算法的理论分析。进化算法基于比较和基于种群的特征以及前沿算法复杂的自适应策略导致理论分析难度大。平均增益模型刻画了算法在连续状态空间迭代收敛的过程, 直接决定了连续型进化算法的计算时间复杂度。基于平均增益模型, 我们完成了 (1+1)EA 算法求解 Sphere 函数的计算时间复杂度分析, 并从理论上对比了标准正态分布变异算子与均匀变异分布算子在给定初始解条件下的平均计算时间差异。除此之外, 我们还讨论了 $(1, \lambda)$ES 算法在球函数问题上的平均首达时间。本章提出的平均增益理论是分析连续型进化算法计算时间的有力工具。

第 8 章　带噪声的进化算法的时间复杂度分析理论与方法

优化任务处理过程中往往会遇到噪声干扰。例如，在飞机设计中，每个原型都通过仿真进行评估，由于仿真误差，评估结果可能不太理想；现有的机器学习方法仅在有限的数据量上评估预测模型，以至于估计的性能偏离真实的性能。噪声环境可能会改变优化问题的性质，导致无法获得解决方案的准确评估。进化算法[1] 作为一种随机元启发式优化算法被广泛且成功地应用于噪声优化任务中[90-93]。

本章从理论角度分析了一个很大程度上被忽略的问题，即一个优化问题在噪声环境中是否总是会变得更难，并针对噪声具有较强负面效应这一代表性问题，研究了 EA 中处理噪声的常用机制——阈值选择策略。

8.1　带噪声优化问题与算法的建模分析

一般的优化问题可以表示为 $\arg\max_{x} f(x)$，其中目标 $f(x)$ 在进化计算的背景下也称为适应度。在实际优化任务中，解的适应度评价通常受到噪声的干扰，因而不能得到精确的适应度，只能得到噪声值。下面介绍几种常用的噪声，$f^N(x)$ 和 $f(x)$ 分别表示为解 x 的噪声适应度和真实适应度。

相加噪声：$f^N(x) = f(x) + \alpha$，其中 α 是随机从 $[\alpha_1, \alpha_2]$ 中均匀选择的常数。

相乘噪声：$f^N(x) = f(x) \cdot \alpha$，其中 α 是随机从 $[\alpha_1, \alpha_2]$ 中均匀选择的常数。

一位噪声：$f^N(x) = f(x)$，概率为 $(1 - p_n)(0 \leqslant p_n \leqslant 1)$；否则，$f^N(x) = f(x')$，其中，$x'$ 是随机从 $x \in \{0,1\}^n$ 选择一位翻转得来的。这个噪声是针对以二进制字符串表示解的问题。

相加噪声和相乘噪声常被用于分析噪声的影响[94]。一位噪声一般是为了优化伪布尔函数问题，也是以前分析噪声优化中进化算法运行时间的研究[30]。

对于特定算法，很大的噪声可能会使优化问题变得异常困难。多项式噪声容限表示允许多项式预期运行时间的最大噪声水平，其定义如下所示。

定义 8.1　多项式噪声容限（polynomial noise tolerance，PNT）

算法对问题的多项式噪声容限是最大噪声级别，该算法求解该问题的运行时间用多项式表示。

进化算法[1] 作为一种基于种群的随机元启发式优化算法，受物种进化、群体合作、免疫系统等自然现象的启发，已经被广泛且成功地应用于噪声优化任务中[90-93]。进化算法通常涉及三个阶段的循环：繁殖阶段——根据当前维护的解决方案产生新的解决方案；评估阶段——评估新生成的解决方案；选择阶段——删除不好的解决方案。尽管 EA 算法存在许多变体，但其通用过程可被描述为

（1）生成一组初始解（称为种群）。

（2）从当前解决方案中生成新的解决方案。

（3）评估新生成的解决方案。

（4）通过删除"不好的解决方案"来更新种群。

（5）重复步骤（2）～（4），直到满足某种标准。

如算法 8-1 所示，(1+1)EA 算法是一种简单的进化算法，它反映了进化算法的基本结构。(1+1)EA 算法只保留一个解决方案，并通过使用按位突变（算法 8-1 的第三步）反复改进当前的解决方案。(1+1)EA 算法已广泛应用于进化算法的运行时间分析[11,13]。

算法 8-1　　(1+1)EA 算法

1: 解长为 n 的初始解 x 从 $\{0,1\}^n$ 中随机选择
2: **while** 终止条件不满足 **do**
3: 　用 x' 表示概率 p 翻转 x 的每一位后形成的解
4: 　**if** $f(x') \geqslant f(x)$ **then**
5: 　　$x = x'$
6: 　**end if**
7: **end while**
　其中 $p \in (0, 0.5)$ 是变异概率

如算法 8-2 所示，$(1 + \lambda)$EA 算法是应用于后代种群大小为 λ 的算法。在每次迭代中，当前解通过 λ 次独立的突变生成 λ 个子代解，然后从当前解和子代的 $(1 + \lambda)$ 个解中选择最佳解作为下一代的解。注意，(1+1)EA 算法是 $(1 + \lambda)$EA 算法的特例，其中 $\lambda = 1$。

适应度评估是算法成本最高的计算过程。因此，进化算法的运行时间通常被定义为首次找到最佳解适应度评估（计算 $f(\cdot)$）的次数[13,21]。

进化算法可以被建模为 Markov 链[13,21]。通过将 EA 算法的种群空间 S 作为链的状态空间来构建 EA 算法的 Markov 链 $\{\varphi_t\}_{t=0}^{+\infty}$，即 $\varphi_t \in S$。设 $S^* \subseteq S$ 表示所有最优种群的集合，其中至少包含一个最优解。EA 算法的目标是从初始种群出发获得 S^*。因此，可以通过研究相应的 Markov 链来分析 EA 算法寻求 S^* 的过程。

算法 8-2 $(1 + \lambda)$EA 算法

1: 解长为 n 的初始解 x 从 $\{0, 1\}^n$ 中进行随机选择
2: **while** 终止条件不满足 **do**
3:     $i = 1$
4:     **while** $i \leqslant \lambda$ **do**
5:         用 x_i 表示概率 p 翻转 x 的每一位后形成的解
6:         $i = i + 1$
7:     **end while**
8:     $x = \underset{x' \in \{x, x_1, \cdots, x_\lambda\}}{\arg\max} f(x')$
9: **end while**
    其中 $p \in (0, 0.5)$ 是变异概率

Markov 链 $\{\varphi_t\}_{t=0}^{+\infty} (\varphi_t \in S)$ 是一个随机过程, 对于 $\forall t \geqslant 0$, φ_{t+1} 只依赖于 φ_t。如果 $\forall t \geqslant 0$, $\forall x, y \in S$

$$P(\varphi_{t+1} = y | \varphi_t = x) = P(\varphi_1 = y | \varphi_0 = x)$$

那么称 Markov 链 $\{\varphi_t\}_{t=0}^{+\infty}$ 为齐次的。

给定 Markov 链 $\{\varphi_t\}_{t=0}^{+\infty}$, $\varphi_{\hat{t}} = x$, 将链的第一次首达时间定义为一个随机变量 τ, $\tau = \min\{t | \varphi_{\hat{t}+t} \in S^*, t \geqslant 0\}$。也就是说, τ 是从 $\varphi_{\hat{t}} = x$ 开始第一次达到最优状态空间所需的步骤数。τ 的数学期望 $E(\tau | \varphi_{\hat{t}} = x) = \sum_{i=0}^{\infty} i P(\tau = i)$ 表示该链的期望首达时间。如果 φ_0 服从分布 π_0, 则称

$$E(\tau | \varphi_0 \sim \pi_0) = \sum_{x \in S} \pi_0(x) E(\tau | \varphi_0 = x)$$

为 Markov 链在初始分布 π_0 上的期望首达时间。

对于相应的 EA 算法, 运行时间是对适应度函数的调用数, 直到第一次满足最优解。因此, 从 φ_0 开始的期望首达时间和从 $\varphi_0 \sim \pi_0$ 开始的期望首达时间分别为 $N_1 + N_2 \cdot E(\tau | \varphi_0)$ 和 $N_1 + N_2 \cdot E(\tau | \varphi_0 \sim \pi_0)$, 其中 N_1 和 N_2 分别是初始种群和每次迭代的适应度评价数。例如, 对于 (1+1)EA 算法, $N_1 = 1$ 和 $N_2 = 1$; 对于 $(1 + \lambda)$EA 算法, $N_1 = 1$ 和 $N_2 = \lambda$。

下面介绍两个关于 Markov 链的期望首达时间的引理[95]。

引理 8.1 给定一个 Markov 链 $\{\varphi_t\}_{t=0}^{+\infty}$, 有

$$\forall x \in S^* : E(\tau | \varphi_{\hat{t}} = x) = 0$$

$$\forall x \notin S^* : E(\tau | \varphi_{\hat{t}} = x) = 1 + \sum_{y \in S} P(\varphi_{t+1} = y | \varphi_t = x) E(\tau | \varphi_{t+1} = y)$$

引理 8.2　给定一个齐次 Markov 链 $\{\varphi_t\}_{t=0}^{+\infty}$，有

$$\forall t_1, t_2 \geqslant 0, x \in S: E\left(\tau | \varphi_{t_1} = x\right) = E\left(\tau | \varphi_{t_2} = x\right)$$

成立。

漂移分析[13,57] 是分析 Markov 链期望首达时间的一种常用的工具。要使用漂移分析，需要构造一个函数 $V(x)\,(x \in S)$ 测量状态 x 到最优状态空间 S^* 的距离。距离函数 $V(x)$ 满足 $\begin{cases} V(x) = 0, x \in S^* \\ V(x) > 0, x \notin S^* \end{cases}$。然后，通过研究每一步到 S^* 的距离的进展，即 $E\left(V\left(\varphi_t\right) - V\left(\varphi_{t+1}\right) | \varphi_t\right)$，将初始距离除以进度的下（上）界，可以导出期望首达时间的上（下）界。

引理 8.3 (漂移分析[13,57])　给定一个 Markov 链 $\{\varphi_t\}_{t=0}^{+\infty}$ 和一个距离函数 $V(x)$，如果它满足对 $\forall t \geqslant 0$ 和 $V(\varphi_t) > 0$

$$0 < c_l \leqslant E\left(V\left(\varphi_t\right) - V\left(\varphi_{t+1}\right) | \varphi_t\right) \leqslant c_u$$

则该链的期望首达时间满足

$$V(\varphi_0) / c_u \leqslant E(\tau | \varphi_0) \leqslant V(\varphi_0) / c_l$$

其中，c_l, c_u 是常数。

定义 8.2 (伪布尔函数)　伪布尔函数类中的函数形式为 $f: \{0,1\}^n \to R$。

定义 8.2 中的伪布尔函数类是一个大函数类，它只要求解空间为 $\{0,1\}^n$，目标空间为 R。许多众所周知的 NP 难问题，例如，顶点覆盖问题和 0-1 背包问题都属于这类。各种具有不同结构和难度的伪布尔问题被用来分析进化算法的运行时间，进而揭示进化算法的属性[11,13,58]。

定义 8.3 (I_{hardest} 问题)　I_{hardest} 问题是找到一个 x^*，使得

$$x^* = \underset{x \in \{0,1\}^n}{\arg\max}\left(f(n) = 3n\prod_{i=1}^{n} x_i - \sum_{i=1}^{n} x_i\right)$$

其中，x_i 是解 $x \in \{0,1\}^n$ 的第 i 位。

定义 8.3 中 I_{hardest} 问题是伪布尔函数类中的一个特殊实例，该问题除了全局最优解 $11\cdots1$（简称为 1^n）之外，就是使解的 0 的位数最大化。I_{hardest} 问题最优函数值为 $2n$，并且对于任何非最优解的函数值不大于 0。I_{hardest} 问题已被广泛用于 EA 的理论分析中，带有变异概率 $\dfrac{1}{n}$ 的 (1+1)EA 算法的期望首达时间已被证明是 $\Theta(n^n)$ [11]。I_{hardest} 问题被认为是伪布尔函数类中最难的实例，对于 (1+1)EA 算法具有唯一的全局最优性。

定义 8.4 (I_{easiest} 问题) I_{easiest} 问题是找到一个 x^*，使得

$$x^* = \arg\max_{x \in \{0,1\}^n} \left(f(n) = \sum_{i=1}^{n} x_i \right)$$

其中，x_i 是解 $x \in \{0,1\}^n$ 的第 i 位。

定义 8.4 中 I_{easiest} 问题（如 ONEMAX 问题）是使解的 1-位数最大化。I_{easiest} 问题的最优解为 1^n，最优函数值为 n。在这个问题上，EA 的运行时间已经得到了很好的研究[11,13,23]，其中带有变异概率 $\dfrac{1}{n}$ 的 (1+1)EA 算法的期望首达时间已被证明是 $\Theta(n\log n)$[11]。I_{easiest} 问题被认为是伪布尔函数类中最简单的实例，对于 (1+1)EA 算法具有唯一的全局最优性。算法

8.2 噪声对时间复杂度的影响

在进化算法中使用噪声处理机制时，隐含的一个假设是噪声使优化更加困难。在研究处理机制减少噪声的负面影响前[96-98]，首先需要研究这一假设是否成立。从噪声的定义可知，噪声可能会使一个坏的解决方案具有"更好"的适应度，然后误导进化算法的搜索方向，从而使进化算法的优化过程变得更加困难。Droste[30] 证明了由于噪声的存在，(1+1)EA 算法的运行时间会从多项式级增加到指数级。然而，当研究 (1+1)EA 算法在伪布尔函数类中求解最难的问题时，Qian 等[31] 观察到噪声也可以使 EA 优化更容易，这意味着噪声的存在减少了 EA 寻找最优解的运行时间。本节重点讨论在什么条件下噪声使 EA 优化变得更容易。

大多数进化算法在实际的运行过程中不会改变算子，因此可以用齐次 Markov 链对无噪声的 EA 进行建模。对于带有噪声的 EA，由于噪声可能会随着时间的推移而改变，所以只可以用 Markov 链对其进行建模。有噪声和无噪声的两个进化算法的运行时间分别是 $N_1 + N_2 \cdot E(\tau|\varphi_0)$ 和 $N_1 + N_2 \cdot E(\tau|\varphi_0 \sim \pi_0)$，其中 N_1 和 N_2 必须取相同的值。

下面首先定义一个基于期望首达时间的齐次 Markov 链状态空间的分区，然后定义 Markov 链在一步中从一个状态到一个状态空间的变异概率。从中不难看出定义 8.5 中的 S_0 只是 S^*，因为 $E(\tau|\varphi_0 \in S^*) = 0$。

定义 8.5 （期望首达时间分区） 对于齐次 Markov 链 $\{\varphi_t\}_{t=0}^{+\infty}$，期望首达时间分区是 S 到非空子空间 $\{S_0, S_1, \cdots, S_m\}$ 的分区，使得

（1）$\forall x, y \in S_i : E(\tau|\varphi_0 = x) = E(\tau|\varphi_0 = y)$。

（2）$E(\tau|\varphi_0 \in S_0) < E(\tau|\varphi_0 \in S_1) < \cdots < E(\tau|\varphi_0 \in S_m)$。

定义 8.6 对于 Markov 链 $\{\varphi_t\}_{t=0}^{+\infty}$

$$P_\varphi^t (x, S') = \sum_{y \in S'} P (\varphi_{t+1} = y | \varphi_t = x)$$

是在时间 t 的一步中从状态 x 跳到状态空间 $S' \subseteq S$ 的概率。

定理 8.1　给定进化算法 A 和问题 f，Markov 链 $\{\varphi_t\}_{t=0}^{+\infty}$ 和齐次 Markov 链 $\{\varphi_t'\}_{t=0}^{+\infty}$ 分别表示 A 在有噪声和无噪声环境下运行的模型，$\{S_0, S_1, \cdots, S_m\}$ 是期望首达时间分区，如果对于任意的 $t \geqslant 0$，$x \in S - S_0$，则对于任意的整数 $i \in [0, m-1]$，有

$$\sum_{j=0}^{i} P_\varphi^t (x, S_j) \geqslant \sum_{j=0}^{i} P_{\varphi'}^t (x, S_j)$$

那么噪声使 A 优化变得更容易，即对于所有 $x \in S$

$$E (\tau | \varphi_0 = x) \leqslant E (\tau' | \varphi_0' = x)$$

该定理的条件直观地表明，噪声的存在使得解跳入好的状态的概率更大，所以 EA 找到最优解的时间更少。为了证明此定理，需要引入以下引理。

引理 8.4 [31]　设 $m \, (m \geqslant 1)$ 为整数。如果它满足了

(1) $\sum_{i=0}^{m} M_i = \sum_{i=0}^{m} N_i = 1, \forall 0 \leqslant i \leqslant m, M_i, N_i \geqslant 0$。

(2) $0 \leqslant E_0 < E_1 < \cdots < E_m$。

(3) $\sum_{i=0}^{k} M_i \leqslant \sum_{i=0}^{k} N_i, \forall 0 \leqslant k \leqslant m-1$。

那么

$$\sum_{i=0}^{m} M_i \cdot E_i \geqslant \sum_{i=0}^{m} N_i \cdot E_i$$

定理 8.1 的证明如下所示。

证明　首先构造一个距离函数 $V (x)$

$$\forall x \in S, V (x) = E (\tau' | \varphi_0' = x)$$

根据引理 8.1，$V (x \in S^*) = 0$ 和 $V (x \notin S^*) > 0$ 成立。然后，对于任意 $V (x) > 0$ 的 x（即 $x \notin S^*$），研究 $E (V (\varphi_t) - V (\varphi_{t+1}) | \varphi_t = x)$。

$$E (V (\varphi_t) - V (\varphi_{t+1}) | \varphi_t = x) = V (x) - E (V (\varphi_{t+1}) | \varphi_t = x)$$

$$= V (x) - \sum_{y \in S} P (\varphi_{t+1} = y | \varphi_t = x) V (y)$$

$$= E\left(\tau'|\varphi'_0 = x\right) - \sum_{y \in S} P\left(\varphi_{t+1} = y|\varphi_t = x\right) E\left(\tau'|\varphi'_0 = y\right)$$

$$= 1 + \sum_{y \in S} P\left(\varphi'_1 = y|\varphi'_0 = x\right) E\left(\tau'|\varphi'_1 = y\right)$$

$$- \sum_{y \in S} P\left(\varphi_{t+1} = y|\varphi_t = x\right) E\left(\tau'|\varphi'_0 = y\right) \quad \text{（引理 8.1）}$$

$$= 1 + \sum_{y \in S} P\left(\varphi'_{t+1} = y|\varphi'_t = x\right) E\left(\tau'|\varphi'_1 = y\right)$$

$$- \sum_{y \in S} P\left(\varphi_{t+1} = y|\varphi_t = x\right) E\left(\tau'|\varphi'_0 = y\right) \quad \text{（引理 8.2）}$$

$$= 1 + \sum_{j=0}^{m} \left(P^t_{\varphi'}\left(x, S_j\right) - P^t_{\varphi}\left(x, S_j\right)\right) E\left(\tau'|\varphi'_0 \in S_j\right) \quad \text{（定义 8.5 和定义 8.6）}$$

因为 $\sum_{j=0}^{m} P^t_{\varphi}\left(x, S_j\right) = \sum_{j=0}^{m} P^t_{\varphi'}\left(x, S_j\right) = 1$，$E\left(\tau'|\varphi'_0 \in S_j\right)$ 随着 j 的增加而增加，根据引理 8.4 有

$$\sum_{j=0}^{m} P^t_{\varphi'}\left(x, S_j\right) E\left(\tau'|\varphi'_0 \in S_j\right) \geqslant \sum_{j=0}^{m} P^t_{\varphi}\left(x, S_j\right) E\left(\tau'|\varphi'_0 \in S_j\right)$$

因此，对于所有的 $t \geqslant 0$，$x \notin S^*$，有

$$E\left(V\left(\varphi_t\right) - V\left(\varphi_{t+1}\right)|\varphi_t = x\right) \geqslant 1$$

因此，根据引理 8.3，可以得到对于所有的 $x \in S$

$$E\left(\tau|\varphi_0 = x\right) \leqslant V\left(x\right) = E\left(\tau'|\varphi_0' = x\right),$$

这意味着噪声使寻找最优解的时间变少，即噪声使优化更容易。

证毕

设 $\{\varphi_t\}_{t=0}^{+\infty}$ 和 $\{\varphi_t'\}_{t=0}^{+\infty}$ 分别表示有噪声和无噪声的 $(1 + \lambda)$EA 算法处理 I_{hardest} 问题时的随机过程。对于 I_{hardest} 问题，除了最优解 1^n 之外，I_{hardest} 问题是最大化 0 的位数。不难看出，这个问题的期望首达时间 $E\left(\tau'|\varphi_0' = x\right)$ 仅取决于 $|x|_0$（即 0 的位数）。$E_1\left(j\right)$ 表示 $E\left(\tau'|\varphi_0' = x\right)$，其中 $|x|_0 = j$。由此可得以下引理。

引理 8.5　对于任何变异概率 $p \in (0, 0.5)$，$E_1(0) < E_1(1) < E_1(2) < \cdots < E_1(n)$ 成立。

定理 8.2　无论是具有 $\alpha_2 - \alpha_1 \leqslant 2n$ 的相加噪声，还是具有 $\alpha_2 > \alpha_1 > 0$ 的相乘噪声，都使变异概率小于 0.5 的 $(1+\lambda)$EA 算法处理 I_{hardest} 问题变得更容易。

证明　根据引理 8.5，$\{\varphi_t'\}_{t=0}^{+\infty}$ 的期望首达时间分区是 $S_i = \{x \in \{0,1\}^n \mid |x|_0 = i\}\,(0 \leqslant i \leqslant n)$，定理 8.1 中的 m 在这里等于 n。令 $f^N(x)$ 和 $f(x)$ 分别表示噪声下的适应度和真实适应度。

对于任意 $x \in S_k\,(k \geqslant 1)$，令 $P(0)$ 和 $P(j)\,(0 \leqslant j \leqslant n)$ 表示 λ 个后代解 $x_1, \cdots, x_\lambda$ 按位突变产生的概率，$\min\{|x_1|_0, \cdots, |x_\lambda|_0\} = 0$，并且 $\min\{|x_1|_0, \cdots, |x_\lambda|_0\} > 0 \wedge \max\{|x_1|_0, \cdots, |x_\lambda|_0\} = j$。然后，针对 $\{\varphi_t'\}_{t=0}^{+\infty}$（无噪声）和 $\{\varphi_t\}_{t=0}^{+\infty}$（即有噪声），分析 x 的一步转移概率。

对于 $\{\varphi_t'\}_{t=0}^{+\infty}$，因为只有最优解或父代解和 λ 个子代解中最大 0-位的解才能被接受，所以有

$$P_{\varphi'}^t(x, S_0) = P(0);\, \forall 1 \leqslant j \leqslant k-1 : P_{\varphi'}^t(x, S_j) = 0;$$

$$P_{\varphi'}^t(x, S_k) = \sum_{j=1}^{k} P(j);\, \forall k+1 \leqslant j \leqslant n : P_{\varphi'}^t(x, S_j) = P(j);$$

对于带有相加噪声的 $\{\varphi_t\}_{t=0}^{+\infty}$，因为 $\alpha_2 - \alpha_1 \leqslant 2n$，所以

$$f^N(1^n) \geqslant f(1^n) + \alpha_1 \geqslant 2n + \alpha_2 - 2n = \alpha_2;$$

$$\forall y \neq 1^n, f^N(y) \leqslant f(y) + \alpha_2 \leqslant \alpha_2$$

对于带有相乘噪声的 $\{\varphi_t\}_{t=0}^{+\infty}$，因为 $\alpha_2 > \alpha_1 > 0$，所以

$$f^N(1^n) > 0;\, \forall y \neq 1^n, f^N(y) \leqslant 0$$

因此，对于这两种噪声，$\forall y \neq 1^n, f^N(1^n) \geqslant f^N(y)$，因此，我们注意到 $S_0 = \{1^n\}$，$P_{\varphi}^t(x, S_0) = P(0)$，由于适应度评价受噪声干扰，父代解和 λ 个子代解中最大 0-位的解可能被拒绝。因此

$$\forall k+1 \leqslant i \leqslant n : \sum_{j=i}^{n} P_{\varphi}^t(x, S_j) \leqslant \sum_{j=i}^{n} P(j)$$

由以上式子可知

$$\forall 1 \leqslant i \leqslant n : \sum_{j=i}^{n} P_{\varphi}^t(x, S_j) \leqslant \sum_{j=i}^{n} P_{\varphi'}^t(x, S_j)$$

因为 $\sum\limits_{j=0}^{n} P_{\varphi}^{t}(x, S_j) = \sum\limits_{j=0}^{n} P_{\varphi'}^{t}(x, S_j) = 1$，上述不等式等价于

$$\forall 1 \leqslant i \leqslant n-1 : \sum_{j=0}^{i} P_{\varphi}^{t}(x, S_j) \geqslant \sum_{j=0}^{i} P_{\varphi'}^{t}(x, S_j)$$

这意味着定理 8.1 中的条件成立。因此，在这两种噪声下，$(1+\lambda)$EA 算法处理 I_{hardest} 问题变得更容易。

证毕

定理 8.1 给出了噪声使优化变得更容易的充分条件。如果定理 8.1 的条件式改变了不等式的方向，这意味着噪声导致跳转到好的状态的概率更小。该定理的证明与定理 8.1 的证明相似，只需要改变不等式的方向。

定理 8.3 给定进化算法 A 和问题 f，Markov 链 $\{\varphi_t\}_{t=0}^{+\infty}$ 和齐次 Markov 链 $\{\varphi_t'\}_{t=0}^{+\infty}$ 分别表示 A 在有噪声和无噪声环境下运行的模型，$\{S_0, S_1, \cdots, S_m\}$ 是期望首达时间分区，如果对于所有的 $t \geqslant 0$，$x \in S-S_0$。对于所有的整数 $i \in [0, m-1]$，有

$$\sum_{j=0}^{i} P_{\varphi}^{t}(x, S_j) \leqslant \sum_{j=0}^{i} P_{\varphi'}^{t}(x, S_j)$$

那么噪声使 A 优化变得更容易，即对于所有 $x \in S$，

$$E(\tau|\varphi_0 = x) \geqslant E(\tau'|\varphi_0' = x)$$

将定理 8.3 应用于 $(1+\lambda)$EA 算法优化伪布尔函数类中最简单的案例——I_{easiest} 问题。设 $\{\varphi_t\}_{t=0}^{+\infty}$ 和 $\{\varphi_t'\}_{t=0}^{+\infty}$ 分别表示有噪声和无噪声的 $(1+\lambda)$EA 算法处理 I_{easiest} 问题时的随机过程。不难看出，这个问题的期望首达时间 $E(\tau'|\varphi_0'=x)$ 仅取决于 $|x|_0$。$E_2(j)$ 表示 $E(\tau'|\varphi_0'=x)$，其中 $|x|_0 = j$。由此可得以下引理。

引理 8.6 对于任何变异概率 $p \in (0, 0.5)$，$E_2(0) < E_2(1) < E_2(2) < \cdots < E_2(n)$ 成立。

定理 8.4 任何噪声都会使变异概率小于 0.5 的 $(1+\lambda)$EA 算法优化 I_{easiest} 问题变得更难。

证明 根据引理 8.6，$\{\varphi_t'\}_{t=0}^{+\infty}$ 的期望首达时间分区是 $S_i = \{x \in \{0,1\}^n \mid |x|_0 = i\}$ $(0 \leqslant i \leqslant n)$。

对于任意非最优解 $x \in S_k$ $(k > 0)$，令 $P(j)$ $(0 \leqslant j \leqslant n)$ 表示在 x 上按位突变产生的后代解的最小 0-位为 j 的概率。对于 $\{\varphi_t'\}_{t=0}^{+\infty}$，由于父代解和 λ 个子代

解之间的 0-位最少的解将被接受, 所以有

$$\forall 1 \leqslant j \leqslant k - 1 : P_{\varphi'}^t(x, S_j) = P(j)$$

$$P_{\varphi'}^t(x, S_k) = \sum_{j=k}^n P(j)$$

$$\forall k + 1 \leqslant j \leqslant n : P_{\varphi'}^t(x, S_j) = 0$$

对于 $\{\varphi_{t'}\}_{t=0}^{+\infty}$, 由于适应性评估受到噪声的干扰, 因此可能会拒绝父代解和 λ 个子代解中 0-位最少的解。因此, 有

$$\forall 0 \leqslant i \leqslant n : \sum_{j=0}^i P_{\varphi}^t(x, S_j) \leqslant \sum_{j=0}^i P(j)$$

然后我们得到

$$\forall 1 \leqslant i \leqslant n - 1 : \sum_{j=0}^i P_{\varphi}^t(x, S_j) \leqslant \sum_{j=0}^i P_{\varphi'}^t(x, S_j)$$

这意味着定理 8.3 中的条件成立。因此噪声使 $(1 + \lambda)$EA 算法优化 I_{easiest} 问题变得更难。

　　　　　　　　　　　　　　　　　　　　　　　　　　　　　　　证毕

噪声使 $(1 + \lambda)$EA 算法优化 I_{hardest} 问题和 I_{easiest} 问题分别变得更容易和更难。这两个问题分别是伪布尔函数类中具有唯一全局最优解的最难和最简单实例。对于 I_{hardest} 问题, 噪声可以增强随机性, 使 EA 有可能沿着正确的方向运行; 对于 I_{easiest} 问题, EA 沿着正确的方向搜索, 噪声只会对优化过程产生不利影响。因此, 噪声不总是坏的。

8.3　噪声处理对时间复杂度的影响

噪声可能会使不良解决方案评估值偏高, 误导搜索方向, 从而导致优化效率低下。因此, 许多研究都集中在处理进化优化中的噪声[31,99]。为了解决进化优化中的噪声问题, Markon[100] 提出了阈值选择策略。阈值选择是指仅当后代解决方案的适应性比父代解决方案大至少预定义的阈值 $\tau \geqslant 0$ 时, 才会接受后代解决方案。例如, 对于算法 8-3 中具有阈值选择的 $(1+1)$EA 算法, 是将算法 8-1 中第 4 步更改为 "如果 $f(x') \geqslant f(x) + \tau$"。这样的策略可以减少由于噪声而接受不良解决方案的风险。

算法 8-3 具有阈值选择的 (1+1)EA 算法

1: 解长为 n 的初始解 x 从 $\{0,1\}^n$ 中随机选择
2: **while** 终止条件不满足 **do**
3:     用 x' 表示概率 p 翻转 x 的每一位后形成的解
4:     **if** $f(x') \geqslant f(x) + \tau$ **then**
5:         $x = x'$
6:     **end if**
7: **end while**
    其中 $p \in (0, 0.5)$ 是变异概率，$\tau \geqslant 0$ 是一个提前定义的阈值

定义 8.7 的平滑阈值选择是通过将阈值选择策略中的硬阈值更改为平滑阈值来修改原始阈值选择。

定义 8.7（平滑阈值选择）

设 α 是子代解 x' 与父解 x 的适应度之差，即 $\alpha = f(x') - f(x)$。那么选择过程将表现如下。

（1）如果 $\alpha \leqslant 0$，x' 将被拒绝。

（2）如果 $\alpha = 1$，x' 将以 $\dfrac{1}{5n}$ 的概率被接受。

（3）如果 $\alpha > 1$，x' 将被接受。

本节将比较存在一位噪声时，(1+1)EA 算法在有和没有平滑阈值选择的情况下解决 I_{easiest} 问题的运行时间，以验证阈值选择是否有用。平滑阈值选择策略会将 I_{easiest} 问题上的 (1+1)EA 算法的多项式噪声容限提高到 1，这意味着 (1+1)EA 算法的期望首达时间始终是多项式级的，而忽略了一位噪声。

定理 8.5 变异概率 $\dfrac{1}{n}$ 的 (1+1)EA 算法在优化带有一位噪声 I_{easiest} 问题上使用平滑阈值选择策略评估的多项式噪声容限是 1。

证明 用 $l\,(0 \leqslant l \leqslant n)$ 表示当前解 x 中 1 的数目。令 P_m 表示 x 按位变异的子代解 x' 具有 $l + m\,(-l \leqslant m \leqslant n - l)$ 个位数为 1 的概率；P'_m 表示在按位变异和选择之后的下一个解有 $l + m$ 个位数为 1 的概率。首先分析 P'_m

$$\forall m \leqslant -2 : P'_m = 0$$

$$P'_{-1} = P_{-1}\left(p_n \frac{l}{n} p_n \frac{n-l+1}{n}\right) \cdot \frac{1}{5n}$$

$$P'_1 = P_1\left(p_n \frac{l}{n}\left(p_n \frac{l+1}{n} \cdot \frac{1}{5n} + (1-p_n) + p_n \frac{n-l-1}{n}\right)\right.$$
$$\left. + (1-p_n)\left((1-p_n) \cdot \frac{1}{5n} + p_n \frac{n-l-1}{n}\right) + p_n \frac{n-l}{n} p_n \frac{n-l-1}{n} \cdot \frac{1}{5n}\right)$$

$$\forall m \geqslant 2 : P'_m > 0$$

I_{easiest} 问题的目标是 $l = n$。从 $l = n - 1$ 开始，一步到达 $l = n$ 的概率是

$$P'_1 \geqslant P_1 \left(p_n \frac{l}{n} p_n \frac{l+1}{n} \cdot \frac{1}{5n} + (1 - p_n)(1 - p_n) \frac{1}{5n} \right)$$

$$\geqslant \frac{n-l}{n}(1-n)^{n-1} \left(p_n \frac{l}{n} p_n \frac{l+1}{n} \cdot \frac{1}{5n} + (1 - p_n)(1 - p_n) \frac{1}{5n} \right)$$

$$\geqslant \frac{1}{5en^2} \left(\frac{n-1}{n} p_n^2 + (1 - p_n)^2 \right) \left(L = n - 1 \text{ 和 } \left(1 - \frac{1}{n} \right)^{n-1} \geqslant \frac{1}{e} \right)$$

$$\geqslant \frac{1}{5en^2} \cdot \frac{n-1}{2n-1} \in \Omega \left(\frac{1}{n^2} \right) (0 \leqslant p_n \leqslant 1)$$

因此，为了达到 $l = n$，需要在预期的 $O(n^2)$ 时间内达到 $l = n - 1$。分析达到 $l = n - 1$ 的期望首达时间，在这个过程中，我们可以悲观地假设 $l = n$ 永远不会到达，因为最终目标在预期的运行时间内得到上界，以达到 $l = n$。对于 $0 \leqslant l \leqslant n - 2$，有

$$\frac{P'_1}{P'_{-1}} \geqslant \frac{P_1 \cdot \left(p_n \frac{l}{n} p_n \frac{n-l-1}{n} \right)}{P_{-1} \cdot \left(p_n \frac{l}{n} p_n \frac{n-l-1}{n} \right) \cdot \frac{1}{5n}} \geqslant \frac{\frac{n-l}{n} \left(1 - \frac{1}{n} \right)^{n-1} \cdot \left(p_n \frac{l}{n} p_n \frac{n-l-1}{n} \right)}{\frac{l}{n} \cdot \left(p_n \frac{l}{n} p_n \frac{n-l-1}{n} \right) \cdot \frac{1}{5n}}$$

$$\geqslant \frac{5n(n-l)(n-l-1)}{el(n-l-1)} = \frac{5n \left(\frac{n}{l} - 1 \right)}{el \left(1 + \frac{2}{n-l-1} \right)} > 1$$

再次，我们悲观地假设 $P'_1 = P'_{-1}$ 和 $\forall m \geqslant 2, P'_m = 0$，因为我们要在预期的运行时间内得到上界，直到 $l = n - 1$。因为相关步骤的概率至少是

$$P'_1 \geqslant P_1 \left((1 - p_n)(1 - p_n) \cdot \frac{1}{5n} + p_n \frac{n-l}{n} p_n \frac{n-l-1}{n} \cdot \frac{1}{5n} \right)$$

$$\geqslant \frac{(n-l)}{5en^2} \left((1 - p_n)^2 + p_n^2 \frac{(n-l)(n-l-1)}{n^2} \right)$$

$$\geqslant \frac{2}{5en^2} \left((1 - p_n)^2 + \frac{2}{n^2} p_n^2 \right) \geqslant \frac{2}{5en^2} \cdot \frac{2}{n^2 + 2}$$

相关步骤的期望首达时间为 $O(n^4)$, 达到 $l = n-1$ 的预期运行时间为 $O(n^6)$。因此, 对于任何 $p_n \in [0,1]$, 整个优化过程的预期运行时间为 $O(n^8)$, 这个定理成立。

证毕

从定理 8.5 的证明中可以看出, 平滑阈值选择策略不仅可以使接受一个错误解决方案的概率足够小, 即 $P_1' \geqslant P_{-1}'$, 还可以使一步产生进展的概率足够大, 即 P_1' 是不小的。

8.4 本 章 小 结

本章研究了进化算法噪声优化的理论问题, 发现优化问题在充满噪声的环境中可能会变得更容易而不是更难。在此基础上, 我们推导出一个充分条件, 在该条件下噪声使优化更容易或更难。通过满足这个条件, 我们证明了: 对于 EA 算法, 噪声使优化伪布尔函数类中最难和最简单的情况分别变得更容易和更难。在噪声有负面影响的问题中, 我们研究了常用的噪声处理策略——平滑阈值选择策略。尽管我们在本章中研究的是专门用于 EA 算法理论分析的简单 EA 算法和问题, 但该分析仍然揭示了违反直觉的结果。我们乐观地认为, 本章的发现可能有助于 EA 算法的实际应用, 促进未来进化算法计算时间分析的研究。

第 9 章　进化算法时间复杂度估算方法与软件工具

　　由于前沿进化算法具有基于种群的特点，且自适应策略复杂，因此前沿进化算法的理论研究难度较大，其中的关键步骤是推导与进化算法优化过程相关的随机变量的概率密度分布函数。使用统计方法抽样来模拟概率密度分布函数是有效的途径之一。目前，Wilcoxon 秩和检验等统计方法已经被应用于进化算法性能的比较[101-103]。最近 Liu 等[104] 拓展了数学规划中常用的性能画像和数据画像技术，通过分析均值和置信区间来进行进化算法的性能比较。此外，实验手段在算法工程中被用于辅助理论研究[105]。Jägersküpper 和 Preuss 构造了四种简化后的累积式步长调整衍生算法，并通过实验验证四种衍生算法是否在性能上与原算法相近[106]。文献 [107] 进一步概述了针对累积式步长调整衍生算法的理论分析。尽管采用统计方法会在一定程度上弱化数学上的严谨性，但将统计实验引入到理论分析方法中可以避开推导概率密度分布函数的困难。现有理论工作可以借助统计方法来分析在实际优化问题中成功应用的前沿进化算法，设计出进化算法时间复杂度估算方法，从而搭建起理论基础和实际应用之间的沟通桥梁。

　　本章将针对未经简化且不带有特殊限制条件的前沿连续型进化算法，提出基于平均增益模型的时间复杂度估算方法。在曲面拟合技术的帮助下，此方法将统计方法引入到平均增益模型中。本章还将通过实验验证提出的方法的正确性和有效性。在连续优化领域，进化算法通常被称为进化策略（ES）[108]，实验部分将以 ES 为案例进行分析。

　　连续型进化算法的理论研究在一定程度上落后于实际应用[109-110]。大多数理论工作简化了被研究的算法，使得算法更容易分析。此外，一些研究结果增加了特定的限制条件，然而进化算法在实际应用中未必能满足这些限制条件。因此，实际应用连续型进化算法的计算时间有待更深入的研究。由于本章设计的抽样算法适用于实际应用的进化算法，所以提出的方法可以估算这类算法的计算时间。

9.1　基于平均增益模型的时间复杂度估算方法

　　定理 7.6 是时间复杂度估算方法的理论基础，其中 $\{\eta_t\}_{t=0}^{\infty}$ 可以看作连续型进化算法求解过程中历史最优适应值差组成的序列。估算方法将利用统计实验得

到 $E(\eta_t - \eta_{t+1}|H_t)$ 的估计值，即平均增益的估计，之后通过曲面拟合技术得到函数 $h(\eta_t)$，进而运用定理 7.6 推导出期望首达时间 $E(T_\varepsilon \mid \eta_0)$ 的上界以及算法的时间复杂度。

9.1.1 基本框架

图 9-1 展示了估算连续型进化算法计算时间的整体流程，并且用实线表示基于平均增益模型的纯数学推导的分析过程。本章提出的估算方法用统计实验辅助的两个新步骤替换了数学推导过程的前两个步骤，相关的内容在图 9-1 中用虚线标出。

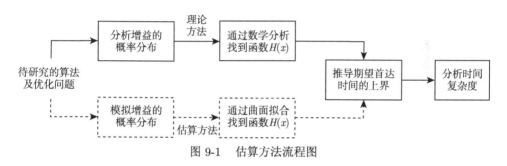

图 9-1 估算方法流程图

在简述估算方法的整体流程之前，需要确定待研究的进化算法以及适应度函数。估算方法的第一步是通过统计实验收集平均增益关于适应值差的数据。在统计实验中，由实验数据得到的增益的经验分布函数将被用来模拟增益的概率密度分布函数，从而计算出平均增益。之后统计实验收集到的数据将借助曲面拟合技术转换为满足定理一前提条件的函数 $h(\eta_t)$。

基于曲面拟合的结果，定理 7.6 将被用于估算进化算法的期望首达时间上界，进而分析计算时间复杂度。值得注意的是，这两个步骤与常用的数学推导方法并无不同。本章提出的估算方法与现有分析方法的主要区别在于估算方法用统计实验和曲面拟合替换了部分烦琐艰深的计算，从而减小分析的难度。

9.1.2 实验步骤

本节将详细叙述连续型进化算法时间复杂度估算方法的实验方法。图 9-2 展示了统计实验的主要步骤。

首先，需要选出一个待讨论参数的取值集合。例如，$\{5, 10, 15, 20, 25, 30\}$ 可以选作问题维度 n 的取值集合。在完成初始参数设置之后，其他参数的取值在整个实验过程中将保持不变。

其次，在进化算法的优化过程中，增益的样本将被独立收集并汇总。在子代种群产生之前记录当前已找到的最优适应值差，在子代种群产生之后记录包括子代在内的最优适应值差，求差值计算出增益。实验方法将独立产生多个子代种群，收集到一定数量的增益，并计算增益的均值从而得到平均增益。实验方法从重复产生的多个子代种群中任选其一作为下一次迭代的父代种群，如此循环直到进化算法求得最优解或者达到函数评估次数上界。

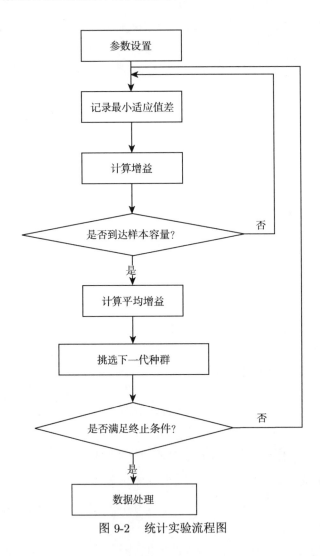

图 9-2　统计实验流程图

值得注意的是，增益的样本是通过间隔抽取的，而不是在每次迭代中抽取，这是因为间隔抽样可以减少计算消耗。不仅如此，由于每次迭代均采样会得到大量的样本点，而每个样本点都对应拟合问题中的一个约束，太多的样本点将导致曲面拟合任务变得十分困难。

为了减少计算成本，需要选择恰当的采样间隙。由于在不同的场景下算法取得最优解所需的迭代次数不同，所以使用一个通用的采样间隙是不现实的。因此，估算方法将采用一个采样间隙的取值集合，例如，$\{50, 100, 200, 400, 800\}$。拟合误差除以样本点数量得到平均拟合误差，平均拟合误差最小的采样间隙将被选为最优采样间隙。

在两种情况下，部分采集到的样本点的平均增益为 0。第一种情况是该样本点的适应值差并不是收集到的最小适应值差，因为平均增益为 0 意味着算法不能取得更小的适应值差，所以该样本点是离群点，需要被移除。第二种情况是该样本点的适应值差正是收集到的最小适应值差，说明算法陷入了局部最优解。在此情况下，不需要进行曲面拟合以及进一步的推导。这是因为当算法困于局部最优解时，该算法将无法到达全局最优点。因此，平均首达时间是正无穷大，并且不存在对应的平均首达时间上界。

9.2 时间复杂度估算案例

本节将应用提出的方法估算多种 ES 的计算时间。对于尚无理论分析结果的算法，本节还将给出数值实验的结果以供比较。本节实验估算的对象包括理论分析案例中典型的 $(1, \lambda)$ ES、标准 ES、协方差矩阵自适应进化策略（CMA-ES）及其改进版本。

以下三个时间复杂度估算实验的目的主要是验证估算方法的正确性。根据定理 7.2 可知，估算方法得到的期望首达时间的上界一定大于或等于期望首达时间。但是估算得到的计算时间不仅要在理论意义上有保障，还需通过后面的实验验证。此外，实验总共包括 57 个案例，每个案例考虑一个特定的进化算法求解一个特定的优化问题。实验结果显示，估算得到的计算时间与数值实验结果高度一致，说明拟合解析式在一定程度上体现了平均增益的特征，并且估算方法成功地使这些特征反映在估算得到的时间复杂度中。

9.2.1 进化策略 $(1, \lambda)$ ES 的时间复杂度估算

在本实验中，Zhang 推导的定理[81] 将被用于验证估算得到的 $(1, \lambda)$ ES 的计算时间。$(1, \lambda)$ ES 的算法实现和参数设置均参照文献 [105]。$\{2, 4, 6, 8, 10, 12, 14, 16, 18, 20\}$ 被选为问题维度 n 的取值集合，针对 n 的每个取值开展统计实验。Matlab 提供的非线性规划求解器将被用于曲面拟合问题的求解。因为估算结果的系数过大或者过小都将影响估算得到的计算时间中问题维度 n 的指数，所以估算结果的系数被限制在 $\left[\sqrt{\dfrac{1}{n^*}}, \sqrt{n^*}\right]$ 范围内，其中，n^* 是统计实验中问题维度的最大值。

此外，如果在此范围内没有可行解，那么可以接受估算结果的系数在 $\left[\dfrac{1}{n^*}, n^*\right]$ 范围内的解。本节的实验都将按照上述流程进行曲面拟合。

根据在问题维度 n 的不同取值下收集到的平均增益，应用式 (3-1) 拟合收集到的样本点，拟合结果如下

$$f(v, n) = \frac{1.56 \times v}{n^{0.64}}$$

其中，v 表示适应值差，n 表示问题维度。根据定理 7.3，$(1, \lambda)$ES 的首达时间上界估算结果如下所示

$$E(T_\varepsilon | X_0) \leqslant 0.64 \times n^{0.64} \ln\left(\frac{X_0}{\varepsilon}\right) + 1$$

推论 7.2 表明，$(1, \lambda)$ES 求解球函数的计算时间 $E(T_\varepsilon \mid X_0) \in O\left(\ln\left(\dfrac{X_0}{\varepsilon}\right)\right)$，与估算结果的形式相同，证明了估算方法的有效性。

9.2.2　进化策略 ES 和 CMA-ES 的时间复杂度估算

由于 $(1, \lambda)$ES 仍然属于经过简化的连续型进化算法，为了证明估算方法适用于实际应用的进化算法，本节选择标准 ES 和 CMA-ES[111]。本节将估算标准 ES 和 CMA-ES 求解 10 个基准测试函数的时间复杂度，同时执行两个算法性能对比的数值实验，得到两个算法在不同案例中的平均首达时间。通过比较估算结果和数值结果，验证估算方法得到的时间复杂度是否能够有效地反映算法的性能差异。在时间复杂度估算实验中用到的 10 个测试函数中，有 8 个来自于文献 [112]，另外 2 个是文献 [111] 的讨论案例，包括 Arbitrarily Orientated Hyper-Ellipsoid 函数和 Rosenbrock 函数。算法的实现依照文献 [111] 和 [112] 中的说明，其中问题维度 n 设为 20，种群规模设为 10，采样数量设为 100。由于文献 [111] 和 [112] 中没有设置固定的函数评估次数上界，为统一起见，本节中函数评估次数上界统一设置为 10^5。

表 9-1 及表 9-2 分别展示了估算得到的时间复杂度以及算法的数值实验结果，其中 n 代表问题维度，X_0 代表初始解的适应值差，ε 代表终止阈值。期望首达时间上界的比较结果是根据在与数值实验相同的参数设置（$n = 20, \varepsilon = 10^{-10}$）情况下 ES 和 CMA-ES 的计算时间上界数值大小评判的。数值实验的性能比较结果则是通过比较 ES 和 CMA-ES 的最优适应值或者平均评估次数来确定的。Parabolic Ridge 函数和 Sharp Ridge 函数的全局最小值是负无穷大，取值空间内任意点的适应值差均为正无穷大，导致无法计算增益。因此，为统一起见，选用 0 作为这两个函数的目标适应值。当估算结果中的参数被替换为数值实验设置的参数取值

时，若期望首达时间上界的实际数值不小于数值实验观测到的平均计算时间，则称估算结果为正确的。此外，当至少一个算法在限定的计算资源内达到了目标精度时，若估算所得上界较小的算法在数值实验中的表现也较好，则称估算结果和数值数据是一致的。在数值实验中，当两个算法都没能在限定的计算资源内达到目标精度时，若估算得到的时间复杂度也超过了迭代次数的上界，则称两者的结果是一致的，否则称算法计算时间的估算结果和对应的数值数据不一致。

从表 9-2 可以得知，在基准测试函数的案例中，时间复杂度估算结果与对应的数值实验结果一致。图 9-3 展示了 CMA-ES 算法求解 Schwefel 函数的样本点及拟合图像。在求解 Schwefel 函数和 Parabolic Ridge 函数的案例中，CMA-ES 的期望首达时间上界小于 ES 的时间复杂度上界，并且前者的函数评估次数比后者少。而在求解 Cigar、Different Powers、Ellipsoid 等函数的案例中，ES 在函数评估次数上界内求得的最优解差于 CMA-ES 求得的最优解，并且前者的时间复杂度上界大于后者。

表 9-1　ES 与 CMA-ES 的时间复杂度估算结果及性能比较

优化问题	CMA-ES		ES		比较结果 (性能优者)
	时间复杂度	正确性	时间复杂度	正确性	
Cigar	$5.48 \times n^{2.38} \ln\left(\dfrac{X_0}{\varepsilon}\right) + 1$	正确	$5.48 \times n^{5.24} \ln\left(\dfrac{X_0}{\varepsilon}\right) + 1$	正确	CMA-ES
Different Powers	$3.84 \times n^{1.68} \ln\left(\dfrac{X_0}{\varepsilon}\right) + 1$	正确	$0.60 \times n^{2.62} \ln\left(\dfrac{X_0}{\varepsilon}\right) + 1$	正确	CMA-ES
Ellipsoid	$30.0 \times n^{1.34} \ln\left(\dfrac{X_0}{\varepsilon}\right) + 1$	正确	$30.0 \times n^{4.09} \ln\left(\dfrac{X_0}{\varepsilon}\right) + 1$	正确	CMA-ES
Parabolic Ridge	$5.48 \times n^{1.16} \ln\left(\dfrac{X_0}{\varepsilon}\right) + 1$	正确	$4.17 \times n^{2.00} \ln\left(\dfrac{X_0}{\varepsilon}\right) + 1$	正确	CMA-ES
Schwefel	$14.7 \times n^{0.46} \ln\left(\dfrac{X_0}{\varepsilon}\right) + 1$	正确	$0.10 \times n^{2.28} \ln\left(\dfrac{X_0}{\varepsilon}\right) + 1$	正确	CMA-ES
Sphere	$0.18 \times n^{2.13} \ln\left(\dfrac{X_0}{\varepsilon}\right) + 1$	正确	$1.00 \times n^{0.90} \ln\left(\dfrac{X_0}{\varepsilon}\right) + 1$	正确	CMA-ES
Sharp Ridge	$5.47 \times n^{8.62} \ln\left(\dfrac{X_0}{\varepsilon}\right) + 1$	正确	$11.7 \times n^{10} \ln\left(\dfrac{X_0}{\varepsilon}\right) + 1$	正确	CMA-ES
Tablet	$n^{3.11}\left(\dfrac{5.48 \times \dfrac{1}{\varepsilon^{0.02}} - \dfrac{1}{X_0^{0.02}}}{}\right) + 1$	正确	$+\infty$	正确	CMA-ES
Arbitrarily Orientated Hyper-Ellipsoid	$5.48 \times n^{2.09} \ln\left(\dfrac{X_0}{\varepsilon}\right) + 1$	正确	$n^{9.87}\left(5.39 \times \dfrac{1}{\varepsilon^{0.06}} - \dfrac{1}{X_0^{0.06}}\right) + 1$	正确	CMA-ES
Rosenbrock	$5.48 \times n^{2.90} \ln\left(\dfrac{X_0}{\varepsilon}\right) + 1$	正确	$n^{5.26}\left(5.48 \times \dfrac{1}{\varepsilon^{0.39}} - \dfrac{1}{X_0^{0.39}}\right) + 1$	正确	CMA-ES

表 9-2　ES 与 CMA-ES 的平均函数评估次数及最优适应值

优化问题	CMA-ES				ES				比较结果（性能优者）	一致性
	适应值		评估次数/次		适应值		评估次数/次			
	平均值	标准差	平均值	标准差	平均值	标准差	平均值	标准差		
Cigar	0.00E+00	0.00E+00	1.00E+04	2.44E+02	1.17E+01	1.68E+01	1.00E+05	0.00E+00	CMA-ES	一致
Different Powers	0.00E+00	0.00E+00	4.57E+04	3.86E+03	1.07E-08	6.09E-09	1.00E+05	0.00E+00	CMA-ES	一致
Ellipsoid	0.00E+00	0.00E+00	2.62E+04	4.52E+02	5.68E+02	4.94E+02	1.00E+05	0.00E+00	CMA-ES	一致
Parabolic Ridge	0.00E+00	0.00E+00	1.61E+03	9.77E+02	0.00E+00	0.00E+00	8.13E+03	1.56E+04	CMA-ES	一致
Schwefel	0.00E+00	0.00E+00	8.21E+03	3.15E+02	0.00E+00	0.00E+00	1.54E+04	1.11E+03	CMA-ES	一致
Sphere	0.00E+00	0.00E+00	3.48E+03	1.26E+02	0.00E+00	0.00E+00	3.38E+03	1.64E+02	ES	不一致
Sharp Ridge	0.00E+00	0.00E+00	1.23E+04	1.46E+04	6.85E-01	1.48E+00	3.24E+04	4.61E+04	CMA-ES	一致
Tablet	0.00E+00	0.00E+00	3.09E+04	5.96E+02	1.83E+02	1.12E+02	1.00E+05	0.00E+00	CMA-ES	一致
Arbitrarily Orientated Hyper-Elipsoid	0.00E+00	0.00E+00	2.66E+04	5.24E+02	7.69E+01	4.82E+01	1.00E+05	0.00E+00	CMA-ES	一致
Rosenbrock	0.00E+00	0.00E+00	2.62E+04	1.27E+03	1.43E+00	1.73E+00	1.00E+05	0.00E+00	CMA-ES	一致

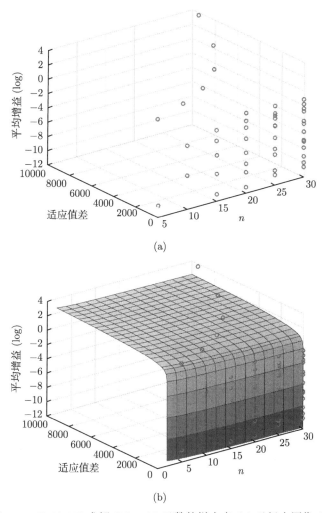

图 9-3 CMA-ES 求解 Schwefel 函数的样本点 (a) 及拟合图像 (b)

9.2.3 改进 CMA-ES 的时间复杂度估算

为了进一步证明估算方法适用于前沿的 ES，本节将估算改进后的 CMA-ES[113-114]，对 18 个基准测试函数的时间复杂度，两种算法版本分别记为 CMA-ES-1 和 CMA-ES-2，同时开展两个算法性能对比的数值实验，估算结果及性能比较如表 9-3 所示，平均函数的评估次数及最优适应值如表 9-4 所示。本节通过比较估算结果和数值实验数据，验证估算方法得到的时间复杂度是否能够有效地反映算法的性能差异。因为部分基准测试函数的全局最小值并不稳定，可能随问题维度等因素的变化而变化，所以从文献 [115] 的附录中选择了全局最小值为 0 且函数表达式固定的基准测试函数。算法的参数设置如下：终止阈值 $\varepsilon = 10^{-10}$，问题维度 $n = 50$，父代的种群规模设为 12，子代的种群规模设为 6，采样数量为 100，且最大迭代次数设为 5×10^4。针对每个基准测试函数，数值实验重复 50 次。此外，CMA-ES-1 和 CMA-ES-2 的初始种群始终保持一致。

表 9-3   改进 CMA-ES 的时间复杂度估算结果及性能比较

优化问题	CMA-ES-1		CMA-ES-2		比较结果
	时间复杂度	正确性	时间复杂度	正确性	(性能优者)
Ackley	$5.46 \times n^{1.18} \ln\left(\dfrac{X_0}{\varepsilon}\right) + 1$	正确	$4.35 \times n^{1.29} \ln\left(\dfrac{X_0}{\varepsilon}\right) + 1$	正确	CMA-ES-1
Griewank	$30.0 \times n^{2.82} \ln\left(\dfrac{X_0}{\varepsilon}\right) + 1$	正确	$30.0 \times n^{3.15} \ln\left(\dfrac{X_0}{\varepsilon}\right) + 1$	正确	CMA-ES-1
Dixon Price	$+\infty$	正确	$+\infty$	正确	—
Sphere	$2.23 \times n^{1.25} \ln\left(\dfrac{X_0}{\varepsilon}\right) + 1$	正确	$2.77 \times n^{0.87} \ln\left(\dfrac{X_0}{\varepsilon}\right) + 1$	正确	CMA-ES-2
Schwefel	$5.21 \times n^{2.21} \ln\left(\dfrac{X_0}{\varepsilon}\right) + 1$	正确	$5.48 \times n^{3.39}\left(\dfrac{1}{\varepsilon^{0.01}} - \dfrac{1}{X_0''^{0.01}}\right) + 1$	正确	CMA-ES-1
Rosenbrock	$5.48 \times n^{3.24} \ln\left(\dfrac{X_0}{\varepsilon}\right) + 1$	正确	$30.0 \times n^{5.09} \ln\left(\dfrac{X_0}{\varepsilon}\right) + 1$	正确	CMA-ES-1
Hyper-Ellipsoid	$0.99 \times n^{1.72} \ln\left(\dfrac{X_0}{\varepsilon}\right) + 1$	正确	$0.51 \times n^{2.04} \ln\left(\dfrac{X_0}{\varepsilon}\right) + 1$	正确	CMA-ES-1
Quadric	$1.03 \times n^{2.51} \ln\left(\dfrac{X_0}{\varepsilon}\right) + 1$	正确	$5.48 \times n^{3.40}\left(\dfrac{1}{\varepsilon^{0.01}} - \dfrac{1}{X_0^{0.01}}\right) + 1$	正确	CMA-ES-1
Absolute Value	$0.54 \times n^{1.83} \ln\left(\dfrac{X_0}{\varepsilon}\right) + 1$	正确	$1.37 \times n^{1.68} \ln\left(\dfrac{X_0}{\varepsilon}\right) + 1$	正确	CMA-ES-1
Ellipsoid	$5.48 \times n^{3.79}\left(\dfrac{1}{\varepsilon^{0.01}} - \dfrac{1}{X_0^{0.01}}\right) + 1$	正确	$5.48 \times n^{4.12}\left(\dfrac{1}{\varepsilon^{0.02}} - \dfrac{1}{X_0^{0.02}}\right) + 1$	正确	CMA-ES-1
Quartic	$0.29 \times n^{1.75} \ln\left(\dfrac{X_0}{\varepsilon}\right) + 1$	正确	$5.48 \times n^{1.10} \ln\left(\dfrac{X_0}{\varepsilon}\right) + 1$	正确	CMA-ES-1
Rastrigin	$+\infty$	正确	$+\infty$	正确	—
Schwefel 2.22	$5.48 \times n^{1.43} \ln\left(\dfrac{X_0}{\varepsilon}\right) + 1$	正确	$0.09 \times n^{2.28} \ln\left(\dfrac{X_0}{\varepsilon}\right) + 1$	正确	CMA-ES-2
Step	$8.80 \times n^{0.43} \ln\left(\dfrac{X_0}{\varepsilon}\right) + 1$	正确	$5.48 \times n^{1.29} \ln\left(\dfrac{X_0}{\varepsilon}\right) + 1$	正确	CMA-ES-1
Schwefel 2.21	$0.18 \times n^{2.91} \ln\left(\dfrac{X_0}{\varepsilon}\right) + 1$	正确	$2.58 \times n^{1.49} \ln\left(\dfrac{X_0}{\varepsilon}\right) + 1$	正确	CMA-ES-2
Salomon	$+\infty$	正确	$+\infty$	正确	—
Schaffer 6	$+\infty$	正确	$+\infty$	正确	—
Weierstrass	$+\infty$	正确	$+\infty$	正确	—

表 9-4 改进 CMA-ES 的平均函数评估次数及最优适应值

优化问题	CMA-ES-1 适应值 平均值	标准差	CMA-ES-1 评估次数/次 平均值	标准差	CMA-ES-2 适应值 平均值	标准差	CMA-ES-2 评估次数/次 平均值	标准差	比较结果 (性能优者)	一致性
Ackley	0.00E+00	0.00E+00	1.34E+04	2.82E+03	2.05E-02	1.45E-01	1.40E+04	5.21E+03	CMA-ES-1	一致
Griewank	1.87E-03	4.55E-03	1.76E+04	1.43E+04	2.07E-03	4.06E-03	2.02E+04	1.60E+04	CMA-ES-1	一致
Dixon Price	6.67E-01	2.39E-16	5.00E+04	0.00E+00	6.67E-01	3.44E-16	5.00E+04	0.00E+00	CMA-ES-1	一致
Sphere	0.00E+00	0.00E+00	6.81E+03	1.50E+020	0.00E+00	0.00E+00	6.74E+03	1.46E+02	CMA-ES-2	一致
Schwefel 1.2	0.00E+00	0.00E+00	3.25E+04	5.87E+02	1.45E-09	2.22E-09	5.00E+04	6.40E+01	CMA-ES-1	一致
Rosenbrock	3.16E+01	1.86E+01	5.00E+04	0.00E+00	3.96E+01	2.72E+01	5.00E+04	0.00E+00	CMA-ES-1	一致
Hyper-Ellipsoid	0.00E+00	0.00E+00	1.18E+04	3.51E+02	0.00E+00	0.00E+00	1.19E+04	3.80E+02	CMA-ES-1	一致
Quadric	0.00E+00	0.00E+00	3.24E+04	4.61E+02	1.73E-09	3.14E-09	5.00E+04	1.78E+02	CMA-ES-1	一致
Absolute Value	1.14E-06	6.74E-06	2.91E+04	1.44E+04	6.13E-03	2.10E-02	3.41E+04	1.55E+04	CMA-ES-1	一致
Ellipsoid	8.31E+03	3.04E+04	5.00E+04	0.00E+00	4.56E+04	1.68E+04	5.00E+04	0.00E+00	CMA-ES-1	一致
Quartic	0.00E+00	0.00E+00	4.31E+03	1.49E+02	0.00E+00	0.00E+00	4.18E+03	1.57E+02	CMA-ES-2	不一致
Rastrigin	1.29E+02	2.77E+01	5.00E+04	0.00E+00	1.31E+02	2.26E+01	5.00E+04	0.00E+00	CMA-ES-1	一致
Schwefel 2.22	4.12E-06	2.87E-05	3.16E+04	1.46E+04	2.84E-04	1.20E-03	3.57E+04	1.62E+04	CMA-ES-1	不一致
Step	0.00E+00	0.00E+00	4.56E+03	2.06E+04	1.18E+00	1.21E+00	3.50E+04	2.21E+04	CMA-ES-1	一致
Schwefel 2.21	8.60E+01	3.51E+01	5.00E+04	0.00E+00	1.45E-06	4.06E-06	5.00E+04	0.00E+00	CMA-ES-2	一致
Salomon	1.86E+00	2.34E-01	5.00E+04	0.00E+00	2.12E+00	3.48E-01	5.00E+04	0.00E+00	CMA-ES-1	一致
Schaffer 6	2.35E+01	3.74E-01	5.00E+04	0.00E+00	2.19E+01	6.88E-01	5.00E+04	0.00E+00	CMA-ES-2	一致
Weierstrass	5.29E+00	1.34E+00	5.00E+04	0.00E+00	5.94E+00	1.53E+00	5.00E+04	0.00E+00	CMA-ES-1	一致

　　表 9-3 和表 9-4 展示了估算得到的时间复杂度以及算法的数值实验结果,其中比较结果是根据在 $n = 50$ 且 $\varepsilon = 10^{-10}$ 的情况下期望首达时间上界的大小确定的,而数值实验的性能比较标准则与 9.2.2 节中陈述的标准相同。

　　表 9-3 和表 9-4 显示,其中 16 个基准测试函数对应的估算结果与数值实验数据相符,而其余两组估算结果与实验数据不一致。另外,当算法求解其中 6 个基准测试函数时,算法取得的最小适应值差对应的平均增益在一个或多个问题维度上出现等于 0 的情况。这类情况说明算法陷入了局部最优解,即算法不能在有限的计算时间内求得全局最优解。因此,表格中这类情况对应的期望首达时间上界为正无穷大。

　　以上实验均采用了采样间隙的选取方法,使用平均拟合误差作为选择最优采样间隙的评判标准。但是,在一些待研究算法能够在较少的迭代次数内达到目标精度的情况下,过大的采样间隙会导致估算结果不准确。例如,在 CMA-ES-1 求解 Hyper-Ellipsoid 函数中,如果采样间隔设为 800,那么拟合的结果是 $f(v, n) = \dfrac{v}{1.17 \times n^{0.60}}$。当 $n = 50$ 时,估算得到的期望首达时间上界是 4.03E+02。然而,数值实验的结果显示,在同样的参数设置下,CMA-ES-1 求解 Hyper-Ellipsoid 函数的平均首达时间是 9.83E+02,大于 4.03E+02。因此,抽样间隔为 800 时估算得到的时间复杂度是错误的。引起错误的原因是当总迭代次数较小而采样间隙却较大时,采集到的样本点数量将很小,样本点的量过少可能无法完整地反映平均增益的变化规律。因此,本次实验选取样本点数量 30 作为最小样本数量的临界值,即在样本点数量低于 30 的情况下,估算得到的时间复杂度上界不被采用。实验结果显示,使用 30 作为最小样本点数量后,所有的估算结果都是正确的。

9.3　时间复杂度估算软件工具

　　为了降低应用门槛,华南理工大学智能算法研究中心基于前文的时间复杂度估算方法,进一步开发并发布了 EATimeComplexity 系统(简称 EATC 系统,网址:http://www.eatimecomplexity.net/),用于辅助研究人员与工程师高效便捷地分析实际应用中进化算法的时间复杂度,搭建理论基础和实际应用的沟通桥梁。从此,进化算法时间复杂度的分析对象不再局限于简化版的算法特例,此类分析工作也不再是曲高和寡的复杂数学推导。该系统将大大降低实际应用中进化算法时间复杂度分析工作的难度,有望成为研究人员与工程师从事算法研究的必备神器。

　　EATC 系统是一个简洁且强大的时间复杂度估算软件。该系统能为用户提供以下主要功能。

　　(1)在线使用功能。研究人员与工程师无须提供源代码或可执行文件,只需要填写算法名称以及需要优化的问题,然后上传平均增益的采样数据文件,系统将会自动完成曲面拟合及时间复杂度推导，输出算法的时间复杂度估算结果。

（2）离线使用功能。不便上传数据的研究人员可以选择下载相关的数据采样代码（下载网址：http://www.eatimecomplexity.net/more/analysis），直接在本地完成对连续型进化算法时间复杂度的估算。

（3）委托估算功能。研究人员也可以在线填写委托估算申请表（网址：http://www.eatimecomplexity.net/more/analysis），按照指定要求上传代码和程序，委托智能算法研究中心对时间复杂度进行估算。研究中心将承诺帮助估算并做好代码保密工作，完成估算后以邮件形式返回估算结果。整个过程不收取任何费用（联系邮箱时有更新，以网页显示为准）。

EATC 系统不但适用范围较广，而且易于使用。EATC 系统的使用流程（图 9-4）和步骤如下。

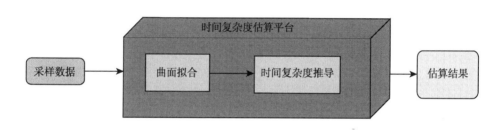

图 9-4　EATC 系统使用流程图

第 1 步：进入系统（图 9-5），点击创建按钮，创建任务。

第 2 步：选择算法所需要的采样数据文件 [注意：系统接收的上传文件需为 Excel 文件（.xlsx），其中数据共三列，对应问题纬度、适应值差、平均增益]。

第 3 步：填写算法相关信息（图 9-5），其中算法名称、优化问题为必填信息，引用文献等相关信息为选填信息，所填写信息不会影响算法的分析。

图 9-5　EATC 系统具体使用步骤图

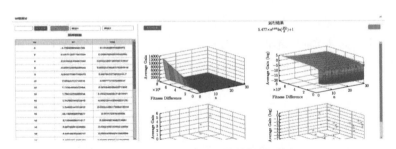

图 9-6　EATC 系统运行结果展示图

第 4 步：点击运行按钮，运行算法。

第 5 步：查看算法时间复杂度的估算结果（图 9-6）。

第 6 步：点击导出按钮，下载时间复杂度上界公式、平均增益数据点图及其曲面拟合图像。

图 9-7 展示了表 9-1 中 ES 与 CMA-ES 算法求解 Schwefel 函数的时间复杂度分析结果。该系统适用于 ES 外，还适用于各种经典或前沿的群体智能算法，如差分进化算法、粒子群优化算法、头脑风暴优化（brain storm optimization，BSO）算法[116]等。图 9-8 和图 9-9 分别以差分进化算法与粒子群优化算法求解 Shifted Sphere 函数、头脑风暴算法及其改进版本（brain storm optimization algorithm in objective space，BSO-OS）[117] 求解 Sphere 函数为例，展示了系统的分析及导出结果。

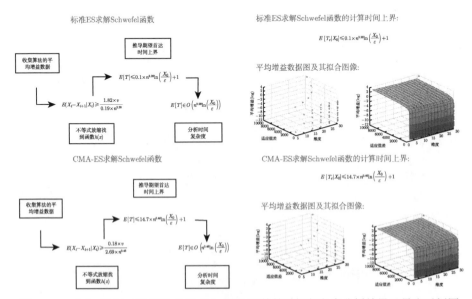

图 9-7　ES 与 CMA-ES 算法求解 Schwefel 函数的时间复杂度分析结果及导出示例图

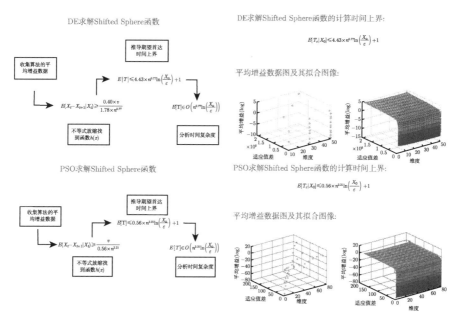

图 9-8　差分进化算法与粒子群优化算法求解 Shifted Sphere 函数的时间复杂度分析结果及导出示例图

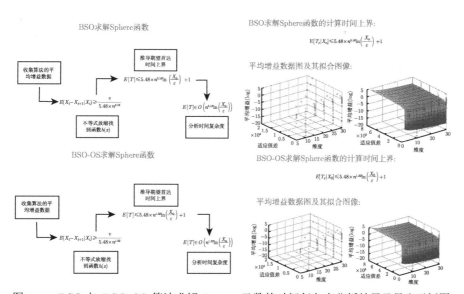

图 9-9　BSO 与 BSO-OS 算法求解 Sphere 函数的时间复杂度分析结果及导出示例图

EATC 系统为进化算法的时间复杂度分析提供了一种新的出路，适用于实际应用中的各类进化算法，衷心欢迎各位研究人员与工程师使用该系统。

9.4　本 章 小 结

本章提出了应用理论工具来分析连续型进化算法计算时间的方法，其适用范围覆盖了实际应用的进化算法。首先，统计方法被引入到平均增益模型中，通过采集样本的方式估计增益的概率密度分布函数。然后，曲面拟合技术被用于将统计方法采集到的样本转换为数学表达式，并以数学推导的形式进一步估算出期望首达时间。本章提出的方法并不依赖于特定的条件，且不需要对被研究的算法或者优化问题进行简化处理。

实验结果证明，本章提出的方法可以正确有效地估算 ES 的期望首达时间上界。实验估算了 $(1, \lambda)$ ES 求解 Sphere 函数的期望首达时间上界，并与由严格数学推导得到的理论结果比对；估算了 ES 及 CMA-ES 在 10 个实际测试函数上的计算时间，估算结果与数值数据相符。此外，还通过实验估算了标准 CMA-ES 及其改进版的期望首达时间上界。

参 考 文 献

[1] Back T. Evolutionary algorithms in theory and practice: evolution strategies, evolutionary programming,genetic algorithms[M]. Oxford: Oxford University Press, 1996.

[2] Bagley J D. The behavior of adaptive systems which employ genetic and correlation algorithms[M]. Detroit: University of Michigan, 1967.

[3] Larrañaga P, Lozano J A. Estimation of distribution algorithms: A new tool for evolutionary computation[M]. Dordrecht: Kluwer Academic Publishers, 2001.

[4] Eberhart R, Kennedy J. Particle swarm optimization[C]//the IEEE international conference on neural networks, 1995, 4: 1942-1948.

[5] Dorgio M, Maniezzo V, Colorni A. The ant system: An autocatalytic optimizing process Technical Report 91-016[R]. Milan, Italy: Dipartimento di Elettronica, Politecnico di Milano, 1991.

[6] Moscato P. On evolution, search, optimization, genetic algorithms and martial arts: towards memetic algorithms [R]. Technical Report Caltech Concurrent Computation Program, Report 826, California Institute of Technology, Pasadena, CA, 1989.

[7] Storn R, Price K. Differential evolution: A simple and efficient heuristic for global optimization over continuous spaces[J]. Journal of Global optimization, 1997, 11: 341-359.

[8] Oliveto P S, He J, Yao X. Time complexity of evolutionary algorithms for combinatorial optimization: A decade of results[J]. International Journal of Automation and Computing, 2007, 4: 281-293.

[9] Xin Y. Unpacking and understanding evolutionary algorithms[C]//the 2012 World Congress conference on Advances in Computational Intelligence, 2012.

[10] Doerr B, Johannsen D, Winzen C. Multiplicative drift analysis[J]. Algorithmica, 2012, 64(4): 673-697.

[11] Droste S, Jansen T, Wegener I. On the analysis of the (1+1) evolutionary algorithm[J]. Theoretical Computer Science, 276(1-2): 51-81.

[12] Wegener I. Methods for the analysis of evolutionary algorithms on pseudo-boolean functions[M]. Dordrecht: Kluwer Academic Publishers, 2002.

[13] He J, Yao X. Drift analysis and average time complexity of evolutionary algorithms[J]. Artificial Intelligence, 2001, 127(1): 57-85.

[14] Oliveto P S, He J, Xin Y. Analysis of the -EA for finding approximate solutions to vertex cover problems[J]. IEEE Transactions on Evolutionary Computation, 2009, 13(5): 1006-1029.

[15] Lehre P K, Yao X. Runtime analysis of the (1+1) EA on computing unique input output sequences[J]. Information Sciences, 2014, 259: 510-531.

[16] Lai X S, Zhou Y R, He J, et al. Performance analysis of evolutionary algorithms for the minimum label spanning tree problem[J]. IEEE Transactions on Evolutionary Computation, 2013, 18(6): 860-872.

[17] Zhou Y R, Zhang J, Wang Y. Performance analysis of the (1+1) evolutionary algorithm for the multiprocessor scheduling problem[J]. Algorithmica, 2015, 73: 21-41.

[18] Zhou Y R, Lai X S, Li K S. Approximation and parameterized runtime analysis of evolutionary algorithms for the maximum cut problem[J]. IEEE Transactions on Cybernetics, 2014, 45(8): 1491-1498.

[19] Xia X Y, Zhou Y R, Lai X S. On the analysis of the (1+1) evolutionary algorithm for the maximum leaf spanning tree problem[J]. International Journal of Computer Mathematics, 2015, 92(10): 2023-2035.

[20] He J, Yao X. Towards an analytic framework for analysing the computation time of evolutionary algorithms[J]. Artificial Intelligence, 2003, 145(1-2): 59-97.

[21] Yu Y, Zhou Z H. A new approach to estimating the expected first hitting time of evolutionary algorithms[J]. Artificial Intelligence, 2008, 172(15): 1809-1832.

[22] Yu Y, Qian C, Zhou Z H. Switch analysis for running time analysis of evolutionary algorithms[J]. IEEE Transactions on Evolutionary Computation, 2015, 19(6): 777-792.

[23] Sudholt D. A new method for lower bounds on the running time of evolutionary algorithms[J]. IEEE Transactions on Evolutionary Computation, 2012, 17(3): 418-435.

[24] Witt C. Fitness levels with tail bounds for the analysis of randomized search heuristics[J]. Information Processing Letters, 2014, 114(1-2): 38-41.

[25] Jägersküpper J. Combining Markov-chain analysis and drift analysis: The (1+1) evolutionary algorithm on linear functions reloaded[J]. Algorithmica, 2011, 59(3): 409-424.

[26] Chen T S, He J, Sun G Z, et al. A new approach for analyzing average time complexity of population-based evolutionary algorithms on unimodal problems[J]. IEEE Transactions on Systems, Man, and Cybernetics, Part B (Cybernetics), 2009, 39(5): 1092-1106.

[27] Oliveto P S, Witt C. Simplified drift analysis for proving lower bounds in evolutionary computation[J]. Algorithmica, 2011, 59(3): 369-386.

[28] Rowe J E, Sudholt D. The choice of the offspring population size in the (1, λ) EA[C]//the 14th annual conference on Genetic and evolutionary computation, 2012: 1349-1356.

[29] Witt C. Tight bounds on the optimization time of a randomized search heuristic on linear functions[J]. Combinatorics, Probability and Computing, 2013, 22(2): 294-318.

[30] Droste S. Analysis of the (1+1) EA for a noisy onemax[C]//Deb K. Genetic and Evolutionary Computation - GECCO 2004. GECCO 2004. Lecture Notes in Computer Science. Berlin, Heidelberg: Springer, 2004: 1088-1099.

[31] Qian C, Yu Y, Zhou Z H. Analyzing evolutionary optimization in noisy environments[J].

Evolutionary computation, 2018, 26(1): 1-41.

[32] Qian C, Yu Y, Tang K, et al. On the effectiveness of sampling for evolutionary optimization in noisy environments[J]. Evolutionary computation, 2018, 26(2): 237-267.

[33] Schumer M, Steiglitz K. Adaptive step size random search[J]. IEEE Transactions on Automatic Control, 1968, 13(3): 270-276.

[34] Jägersküpper J. Algorithmic analysis of a basic evolutionary algorithm for continuous optimization[J]. Theoretical Computer Science, 2007, 379(3): 329-347.

[35] Jägersküpper J. Lower bounds for randomized direct search with isotropic sampling[J]. Operations Research Letters, 2008, 36(3): 327-332.

[36] Agapie A, Agapie M, Zbaganu G. Evolutionary algorithms for continuous-space optimisation[J]. International Journal of Systems Science, 2013, 44(3): 502-512.

[37] 张宇山, 郝志峰, 黄翰, 等. 进化算法首达时间分析的停时理论模型 [J]. 计算机学报, 2015, 38(8): 1582-1591.

[38] Chen Y, Zou X, He J. Drift conditions for estimating the first hitting times of evolutionary algorithms[J]. International Journal of Computer Mathematics, 2011, 88(1): 37-50.

[39] 黄翰, 徐威迪, 张宇山, 等. 基于平均增益模型的连续型 (1+1) 进化算法计算时间复杂性分析 [J]. 中国科学: 信息科学, 2014, 44(6): 811-824.

[40] 张宇山, 黄翰, 郝志峰, 等. 连续型演化算法首达时间分析的平均增益模型 [J]. 计算机学报, 2019, 42(3): 624-635.

[41] 张波, 张景肖. 应用随机过程 [M]. 北京: 清华大学出版社, 2004.

[42] 徐宗本, 聂赞坎, 张文修. 遗传算法的几乎必然强收敛性: 鞅方法 [J]. 计算机学报, 2002, 25(8): 785-793.

[43] 黄翰, 郝志峰, 秦勇. 进化规划算法的时间复杂度分析 [J]. 计算机研究与发展, 2008, 45(11): 1850-1857.

[44] Huang H, Wu C G, Hao Z F. A pheromone-rate-based analysis on the convergence time of ACO algorithm[J]. IEEE Transactions on Systems, Man, and Cybernetics, Part B (Cybernetics), 2009, 39(4): 910-923.

[45] 黄翰, 郝志峰, 吴春国, 等. 蚁群算法的收敛速度分析 [J]. 计算机学报, 2007, 30(8): 1344-1353.

[46] Suzuki J. A Markov chain analysis on simple genetic algorithms[J]. IEEE Transactions on Systems, Man, and Cybernetics, 1995, 25(4): 655-659.

[47] Fogel D B. Evolving artificial intelligence[D]. Los Angeles: University of California, 1993.

[48] Bäck T, Schwefel H P. An overview of evolutionary algorithms for parameter optimization[J]. Evolutionary Computation, 1993, 1(1): 1-23.

[49] Schwefel H P P. Evolution and optimum seeking: The sixth generation[M]. New York: John Wiley & Sons, Inc., 1993.

[50] Dorigo M, Maniezzo V, Colorni A. Ant system: Optimization by a colony of co-operating agents[J]. IEEE Transactions on Systems, Man, and Cybernetics, Part B (Cybernetics),

1996, 26(1): 29-41.

[51] Dorigo M, Di Caro G, Gambardella L M. Ant algorithms for discrete optimization[J]. Artificial Life, 1999, 5(2): 137-172.

[52] Dorigo M, Gambardella L M. Ant colony system: A cooperative learning approach to the traveling salesman problem[J]. IEEE Transactions on Evolutionary Computation, 1997, 1(1): 53-66.

[53] Stutzle T, Dorigo M. A short convergence proof for a class of ant colony optimization algorithms[J].IEEE Transactions on Evolutionary Computation, 2002, 6(4): 358-365.

[54] Jansen T. Analyzing Evolutionary Algorithms[M]. Berlin: Springer, 2013.

[55] Lengler J, Steger A. Drift analysis and evolutionary algorithms revisited[J]. Combinatorics, Probability and Computing, 2018, 27(4): 643-666.

[56] Johannsen D. Random combinatorial structures and randomized search heuristics[D]. Saarbrücken: Universität des Saarlandes, 2010.

[57] He J, Yao X. A study of drift analysis for estimating computation time of evolutionary algorithms[J]. Natural Computing, 2004, 3(1): 21-35.

[58] Droste S, Jansen T, Wegener I. A rigorous complexity analysis of the (1+1) evolutionary algorithm for separable functions with Boolean inputs[J]. Evolutionary Computation, 1998, 6(2): 185-196.

[59] 黄翰, 林智勇, 郝志峰, 等. 基于关系模型的进化算法收敛性分析与对比 [J]. 计算机学报, 2011, 34(5): 801-811.

[60] 冯夫健, 黄翰, 张宇山, 等. 基于等同关系模型的演化算法期望首达时间对比分析 [J]. 计算机学报, 2019, 42(10): 1-12.

[61] Xin Y, Yong X. Recent advances in evolutionary computation[J]. Journal of Computer Science & Technology, 2006, 21: 1-18.

[62] 王丽薇, 洪勇, 洪家荣. 遗传算法的收敛性研究 [J]. 计算机学报, 1996, 19(10): 794-797.

[63] Eiben A E, Aarts E, Hee K. Global convergence of genetic algorithms: A markov chain analysis[C] //Schwefel H P, Männer R. Parallel Problem Solving from Nature. PPSN 1990. Lecture Notes in Computer Science. Berlin, Heidelberg: Springer, 1990: 3-12.

[64] Maenner R, Manderick B. Parallel problem solving from nature, Vol 2[C] // Proceedings of the Second Conference on Parallel Problem Solving from Nature Brussels, Belgium, 1992.

[65] Yao X, Liu Y, Lin G M. Evolutionary programming made faster[J]. IEEE Transactions on Evolutionary computation, 1999, 3(2): 82-102.

[66] Lee C Y, Yao X. Evolutionary programming using mutations based on the Lévy probability distribution[J]. IEEE Transactions on Evolutionary Computation, 2004, 8(1): 1-13.

[67] Goldberg D E, Segrest P. Finite Markov chain analysis of genetic algorithms[C] // the Second International Conference on Genetic Algorithms on Genetic algorithms and their application, 1987, 1-8.

[68] Rudolph G. Convergence analysis of canonical genetic algorithms[J]. IEEE Transactions on Neural Networks, 1994, 5(1): 96-101.

[69] 张讲社, 徐宗本, 梁怡. 整体退火遗传算法及其收敛充要条件 [J]. 中国科学: E 辑, 1997, 27(2): 154-164.

[70] 王在申, 周春光, 梁艳春. 基于扩展串的等价遗传算法的收敛性 [J]. 计算机学报, 1997, 20(8): 686-694.

[71] 彭宏, 王兴华. 具有 Elitist 选择的遗传算法的收敛速度估计 [J]. 科学通报, 1997, 2: 144-147.

[72] 梁艳春, 王在申, 周春光. 选择和变异操作下遗传算法的收敛性研究 [J]. 计算机研究与发展, 1998, 7: 657-662.

[73] 彭宏, 欧庆铃, 刘晓斌. 遗传算法的 Markov 链分析 [J]. 华南理工大学学报 (自然科学版), 1998, 8: 1-4.

[74] 张文修, 梁怡. 遗传算法的数学基础 [M]. 西安: 西安交通大学出版社, 2000.

[75] 陈国良, 王熙法, 庄镇泉, 等. 遗传算法及其应用 [M]. 北京: 人民邮电出版社, 1996.

[76] 张宇山. 进化算法的收敛性与时间复杂度分析的若干研究 [D]. 广州: 华南理工大学, 2013.

[77] Garnier J, Kallel L, Schoenauer M. Rigorous hitting times for binary mutations[J]. Evolutionary Computation, 1999, 7(2): 173-03.

[78] He J, Yao X. From an individual to a population: An analysis of the first hitting time of populationbased evolutionary algorithms[J]. IEEE Transactions on Evolutionary Computation, 2002, 6(5): 495-511.

[79] He J, Yao X. Erratum to: Drift analysis and average time complexity of evolutionary algorithms[J]. Artificial Intelligence, 2002, 140: 245-248.

[80] 李敏强, 寇纪淞, 林丹, 等. 遗传算法的基本理论与应用 [M]. 北京: 科学出版社, 2002.

[81] Zhang Y S, Huang H, Hao Z F, et al. First hitting time analysis of continuous evolutionary algorithms based on average gain[J]. Cluster Computing, 2016, 19: 1323-1332.

[82] Meyn S P, Tweedie R L. Markov chains and stochastic stability[M]. London: Springer Verlag, 1993.

[83] He J, Yao X. Average drift analysis and population scalability[J]. IEEE Transactions on Evolutionary Computation, 2016, 21(3): 426-439.

[84] Wegener I. Theoretical aspects of evolutionary algorithms[C] //Orejas F, Spirakis P G, van Leeuwen J. Automata, Languages and Programming. ICALP 2001. Lecture Notes in Computer Science. Berlin, Heidelberg: Springer, 2001: 84-78.

[85] Zhou D, Luo D, Lu R Q, et al. The use of tail inequalities on the probable computational time of randomized search heuristics[J]. Theoretical Computer Science, 436: 106-117.

[86] Yu Y, Qian C. Running time analysis: Convergence-based analysis reduces to switch analysis[C] //2015 IEEE Congress on Evolutionary Computation, Sendai, Japan, 2015: 2603-2610.

[87] Akimoto Y, Auger A, Glasmachers T. Drift theory in continuous search spaces: expected hitting time of the (1+1)-ES with 1/5 success rule[A] //the Genetic and Evo-

lutionary Computation Conference, 2018.

[88] Bäck T. Evolutionary computation: Toward a new philosophy of machine intelligence[J]. Complexity, 1997, 2(4): 28-30.

[89] Akimoto Y, Auger A, Hansen N. Quality gain analysis of the weighted recombination evolution strategy on general convex quadratic functions[J]. Theoretical Computer Science, 2020, 832: 42-67.

[90] Chang S J, Hou H S, Su Y K. Automated passive filter synthesis using a novel tree representation and genetic programming[J]. IEEE Transactions on Evolutionary Computation, 2006, 10(1): 93-100.

[91] Chang Y C, Chen S M. A new query reweighting method for document retrieval based on genetic algorithms[J]. IEEE Transactions on Evolutionary Computation, 2006, 10(5): 617-622.

[92] Freitas A A. A survey of evolutionary algorithms for data mining and knowledge discovery[C] //Ghosh A, Tsutsui S. Advances in Evolutionary Computing. Natural Computing Series. Berlin, Heidelberg: Springer, 2003: 819-845.

[93] Ma P C H, Chan K C C, Yao X, et al. An evolutionary clustering algorithm for gene expression microarray data analysis[J]. IEEE Transactions on Evolutionary Computation, 2006, 10(3): 296-314.

[94] Jin Y C, Branke J. Evolutionary optimization in uncertain environments—a survey[J]. IEEE Transactions on Evolutionary Computation, 2005, 9(3): 303-317.

[95] Freidlin M I. Markov processes and differential equations: Asymptotic problems[J]. The Mathematical Gazette, 1996, 81(490): 190-191.

[96] Rudolph G. A partial order approach to noisy fitness functions[C] //the 2001 Congress on Evolutionary Computation, Seoul, Korea (South), 2001: 318-325.

[97] Fitzpatrick J M, Grefenstette J J. Genetic algorithms in noisy environments[J]. Machine Learning, 1988, 3: 101-120.

[98] Arnold D V, Beyer H G. A comparison of evolution strategies with other direct search methods in the presence of noise[J]. Computational Optimization and Applications, 2003, 24: 135-159.

[99] Arnold D V, Beyer H G. Noisy optimization with evolution strategies[M]. Dordrecht: Kluwer Academic Publishers, 2002.

[100] Markon S, Arnold D V, Back T, et al. Thresholding-a selection operator for noisy ES[C] //the 2001 Congress on Evolutionary Computation, Seoul, Korea (South), 2001: 465-472.

[101] Wang Y, Cai Z X, Zhang Q F. Differential evolution with composite trial vector generation strategies and control parameters[J]. IEEE Transactions on Evolutionary Computation, 2011, 15(1): 55-66.

[102] Arabas J, Biedrzycki R. Improving evolutionary algorithms in a continuous domain by monitoring the population midpoint[J]. IEEE Transactions on Evolutionary Com-

putation, 2017, 21(5): 807-812.

[103] Gong W Y, Zhou A M, Cai Z H. A multioperator search strategy based on cheap sur-rogate models for evolutionary optimization[J]. IEEE Transactions on Evolutionary Computation, 2015, 19(5): 746-758.

[104] Liu Q F, Chen W N, Deng J D, et al. Benchmarking stochastic algorithms for global optimization problems by visualizing confidence intervals[J]. IEEE Transactions on Cybernetics, 2017, 47(9): 2924-2937.

[105] Bartz-Beielstein T, Chiarandini M, Paquete L, et al. Experimental methods for the analysis of optimization algorithms[M]. Berlin, Heidelberg: Springer, 2010.

[106] Jägersküpper J, Preuss M. Aiming for a theoretically tractable CSA variant by means of empirical investigations[C] //the 10th annual conference on Genetic and evolution-ary computation, 2008: 503-510.

[107] Jägersküpper J, Preuss M. Empirical investigation of simplified step-size control in metaheuristics with a view to theory[C] //McGeoch C C. Experimental Algorithms. WEA 2008. Lecture Notes in Computer Science. Berlin, Heidelberg: Springer, 2008: 263-274.

[108] Jägersküpper J. Rigorous runtime analysis of the (1+1) ES: 1/5-rule and ellipsoidal fitness landscapes[C] //International Workshop on Foundations of Genetic Algorithms, 2005.

[109] Bäck T, Hammel U, Schwefel H P. Evolutionary computation: Comments on the history and current state[J]. IEEE Transactions on Evolutionary Computation, 1997, 1(1): 3-17.

[110] Jiang W, Qian C, Tang K. Improved running time analysis of the (1+1)-ES on the sphere function[C] //Huang D S, Bevilacqua V, Premaratne P, et al. Intelligent Computing Theories and Application. Berlin: Springer International Publishing, 2018: 729-739.

[111] Hansen N, Ostermeier A. Adapting arbitrary normal mutation distributions in evolution strategies: The covariance matrix adaptation[A] //IEEE International Conference on Evolutionary Computation, 1996.

[112] Poland J, Zell A. Main vector adaptation: A CMA variant with linear time and space complexity[C] //the 3rd Annual Conference on Genetic and Evolutionary Computation, 2001: 1050-1055.

[113] Hansen N. The CMA evolution strategy: A tutorial[Z]. arXiv preprint arXiv:1604. 00772, 2016: 1-39.

[114] Krause O, Arbonès D R, Igel C. CMA-ES with optimal covariance update and storage complexity[C] // 30th International Conference on Neural Information Processing Systems, 2016: 370-378.

[115] Engelbrecht A P. Fitness function evaluations: A fair stopping condition?[A] // 2014 IEEE Symposium on Swarm Intelligence, 2014.

[116]　Shi Y H. An Optimization Algorithm Based on Brainstorming Process[M]. Hershey, Pa.: IGI Global, 2015.

[117]　Shi Y H. Brain storm optimization algorithm in objective space [C] //2015 IEEE Congress on Evolutionary Computation (CEC), Sendai, Japan, 2015: 1227-1234.